建筑工程知识普及丛书

学 预 算

——懂造价管理

郭 洁 骆中钊 编著

中国林业出版社

图书在版编目(CIP)数据

学预算：懂造价管理／郭洁，骆中钊编著．—北京：中国林业出版社，2012.1
（建筑工程知识普及丛书）
ISBN 978-7-5038-6405-6

Ⅰ．①学…　Ⅱ．①郭…②骆…　Ⅲ．①建筑预算定额—基本知识②建筑造价管理—基本知识
Ⅳ．①TU723.3

中国版本图书馆 CIP 数据核字(2011)第 242210 号

中国林业出版社·环境园林图书出版中心
责任编辑：何增明　张　华
电话：010-83226967　　传真：010-83227584

出版　中国林业出版社
（100009　北京西城区刘海胡同 7 号）
发行　新华书店北京发行所
印刷　北京昌平百善印刷厂
版次　2012 年 1 月第 1 版
印次　2012 年 1 月第 1 次
开本　880mm×1230mm　1/32
印张　7.75
字数　238 千字

定价　28.00 元

前 言

改革开放30多年来，是新中国成立以来我国城乡发展和建设最快的时期，基本建设有了巨大发展，建筑工程的规模和数量都呈上升趋势，广大农村知识青年已成为我国建筑业的生力军。为适应这种建设步伐和提高工程质量的要求，社会急需大量懂技术的建筑工人和技术人员。鉴于这种发展趋势，急需对进入或准备进入建筑市场的广大农村知识青年进行培训，特组织编制了包括《学看图——懂工程语言》、《学预算——懂造价管理》和《学技术——懂施工操作》的"建筑工程知识普及"丛书，旨在为广大农村知识青年和青年建筑工人普及建筑工程知识，并为他们开拓自学成才之路提供帮助。

建筑工程预算编制，就是根据建筑工程施工图纸、预算定额、费用定额等的资料，计算和确定工程预算造价的技术经济文件，也是建筑工程产品价值的货币表现，因此是建筑工程施工的重要依据之一。

本书是"建筑工程知识普及"丛书中的一册，书中扼要地概述了建筑工程施工图预算的分类和编制方法；简明地叙述了建筑工程施工图预算定额基价的确定、工程量清单计价的方法和工程量清单中工程量计算的规则；全面系统地介绍了土建工程、给排水工程、采暖工程和电气工程施工图的预算编制方法；并简明地阐述了建筑工程概预算的编制方法。以便读者在建筑工程的施工实践中通过自学，能够掌握建筑工程预算编制的基本知识。

书中内容丰富，通俗易懂，可供广大农村知识青年和青年建筑工人阅读，也可供大专院校相关专业师生教学参考。

本书由郭洁和骆中钊编著，在本书的编著过程中，得到了很多领导、专家、学者和同行的支持和帮助，张惠芳、骆伟、陈磊、冯惠玲、王灿彬、陈永彬、杜占良、张庆红、张仪彬、赵文奉等参加了书稿的整理和部分编著工作，借此致以衷心的感谢。

限于水平，不足之处，敬请广大读者批评指正。

骆中钊

2011年夏于北京什刹海畔滋善轩

目　录

1

预算的分类和编制方法

1.1 建筑工程施工图预算编制的作用及依据

建筑工程施工图预算，就是根据施工图纸、预算定额、费用定额等资料，计算和确定工程预算造价的技术经济文件，施工图预算是建筑产品价值的货币表现。

1.1.1 建筑工程施工图预算的作用

(1)是确定建设项目单位建筑工程造价的依据；

(2)是建设项目年度建设计划的依据；

(3)是建设单位确定单位工程招标标底和投标人投标报价的依据；

(4)是建设单位与承包单位确定工程结算价款的依据；

(5)是工程进度款拨付的依据；

(6)是承包单位进行经济核算的依据；

(7)是衡量设计标准和考核设计合理性的依据；

(8)是监理单位进行工程投资控制的依据。

1.1.2 建筑工程施工图预算编制依据

(1)建筑工程施工图及该工程所采用的标准图集；

(2)工程预算定额或单位估价表(或工程计价依据)；

(3)工程造价主管行政部门颁布的费用定额；

(4)工程造价主管行政部门颁布的有关造价文件；

(5)工程造价主管行政部门颁布的地区材料预算价格；

(6)施工组织设计；

(7)地质勘查资料；

(8)建设单位与承包单位签订的施工合同或协议；

(9)工具书及其他有关资料。

1.2 建设项目的划分

基本建设是指国民经济各部门固定资产的形成过程，即把一定的建筑材料、机器设备等，通过建造、购置和安装等活动转化为固定资产，形成新的生产能力或使用效益的过程。与此相关的其他工作(如土地征用、房屋拆迁、勘察设计、招标投标、工程监理等)也是基本建设的组成部分。为了便于进行基本建设工程管理和确定工程造价，基本建设项目从大到小划分为建设项目、单项工程、单位工程、分部工程和分项工程5个基本层次。如图1-1所示。

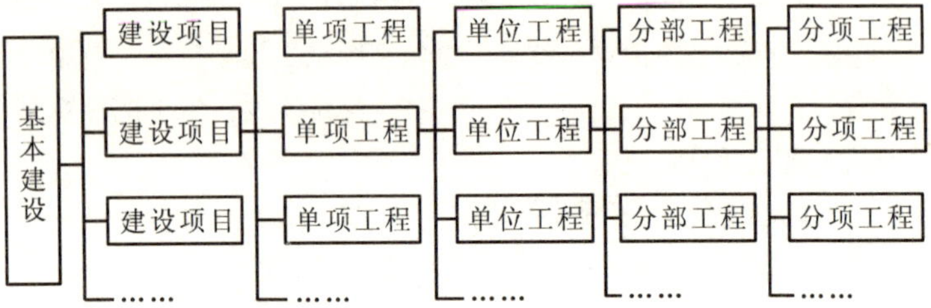

图1-1 基本建设项目划分

1.2.1 建设项目

建设项目是指具有经过有关部门批准的立项文件和设计任务书，经济上实行独立核算，行政上实行统一管理的工程项目。它由一个或几个单项工程组成，一般情况下一个建设单位就是一个建设项目。

在工业建设中，一般以拟建厂矿企业单位为一个建设项目，如一座玩具厂、一座钢铁厂、一座汽车厂等。在民用建设中，一般以拟建机关事业单位为一个建设项目，如一所学校、一所医院。在农业建设中，是以一个农场、一个拖拉机站等为一个建设项目。

1.2.2 单项工程

单项工程是建设项目的组成部分，是指在一个建设项目中，具有独立的设计文件，建成后可以独立发挥生产能力或使用效益的项目。如一座工厂中的各个车间、办公楼、宿舍、食堂等，一所学校中的教学楼、办公楼、实验楼、学生公寓等。单项工程是具有独立存在意义的完整的工程项目，是一个复杂的综合体，它由多个单位工程组成。

1.2.3 单位工程

单位工程是单项工程的组成部分，是指具有独立的设计文件，可以独立组织施工和单独成为核算对象，但建成后不能独立发挥其生产能力或使用效益的项目。

在工业与民用建筑中一般包括土建工程、装饰装修工程、电气照明工程、设备安装工程等多个单位工程。一个单位工程又由多个分部工程组成。

1.2.4 分部工程

分部工程是单位工程的组成部分，是指按工程的结构形式、工程部位、构件性质、使用材料、设备种类等不同划分的项目。如在土建工程中包括土(石)方工程、桩与地基基础工程、砌筑工程、混凝土及钢筋混凝土工程、厂库房大门特种门及木结构工程、金属结构工程、屋面及防水工程、防腐隔热保温工程等多个分部工程。一个分部工程由多个分项工程组成。

1.2.5 分项工程

分项工程是分部工程的组成部分，是指按选用的施工方法、所使用材料以及结构构件规格的不同等因素划分的，用较为简单的施工过程就能完成的，以适当的计量单位就可以计算工料消耗的最基本构成项目。如混凝土及钢筋混凝土分部工程，根据施工方法、材料种类及规格等因素的不同，可进一步划分为带形基础、独立基础、满堂基础、设备基础、矩形柱、异形柱等分项工程。

分项工程是单项工程组成部分中最基本的构成因素。每个分项工程都可以用一定的计量单位计算，并能求出完成相应计量单位分项工程所需消耗的人工、材料、机械台班的数量及其预算价值。

图 1-2 为某大学扩建工程建设项目划分示意，该大学的扩建工程包括学术报告厅、实验楼和 1 号教学楼三部分。

综上所述，一个建设项目是由一个或若干个单项工程组成的，一个单项工程是若干个单位工程组成的，一个单位工程又可划分为若干分部工程，一个分部工程又可划为若干个分项工程。建筑工程造价的计算就是从最基本的构成因素开始的。

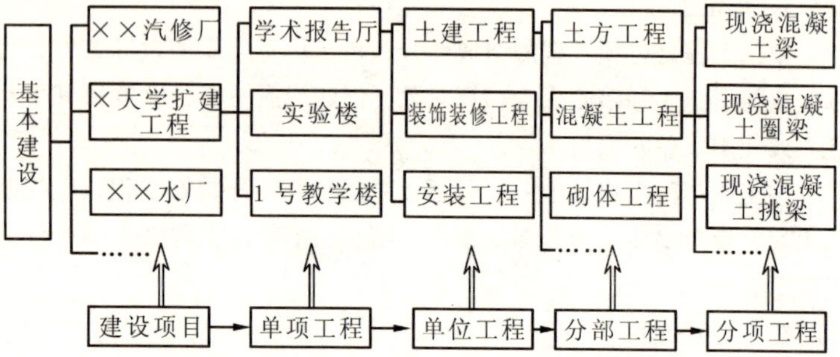

图1-2 某大学扩建工程建设项目划分示意

1.3 建筑工程施工图概预算的分类

按照基本建设阶段和编制依据的不同，建筑工程投资文件可分为工程估算、设计概算、施工图预算、施工预算和竣工决算等5种形式。

1.3.1 工程估算

根据设计任务书规划的工程规模，依照概算指标确定的工程投资额、主要材料用量等经济指标称为“工程估算”。它是设计任务书的主要内容之一，也是审批项目、立项的主要依据之一。

1.3.2 设计概算

设计概算是指在初步设计阶段，由设计单位根据初步设计或扩大初步设计图纸、概算定额或概算指标、各项费用定额或取费标准等有关资料，预先计算和确定建筑室内装饰工程费用的文件。设计概算是控制工程建设投资、编制工程计划的依据，也是确定工程投资最高限额和分期拨款的依据。

设计概算文件应包括建设项目总概算、单项工程综合概算、单位工程以及其他工程的费用概算。设计单位在报送设计图纸的同时，还要报送相应种类的设计概算。

1.3.3 施工图预算

施工图预算，是指在施工图设计阶段，当工程设计完成后，在工程开工之前，由施工单位根据施工图纸计算的工程量、施工组织设计和国家或地方主管部门规定的现行预算定额、单位估价表以及各项费用定额或取费标准等有关资料，预先计算和确定建筑装饰工程费用的文件。

施工图预算是确定工程施工造价、签订承建合同、实行经济核算、进行拨款决算、安排施工计划、核算工程成本的主要依据，也是工程施工阶段的法定经济文书。

施工图预算的内容应包括单位工程总预算、分部分项工程预算、其他项目及费用预算三部分。

1.3.4 施工预算

施工预算是施工单位内部编制的一种预算，是指施工阶段在施工图预算的控制下施工队根据施工图计算的工程量、施工定额、单位工程施工组织设计等资料，通过工料分析，预先计算和确定完成一个单位工程或其中的分部工程所需的人工、材料、机械台班消耗量及其相应费用的文件。

施工预算是签发施工任务单、限额领料、开展定额经济包干、实行按劳分配的依据，也是施工企业开展经济活动分析和进行施工预算与施工图预算对比的依据。

施工预算的主要内容包括工料分析、构件加工、材料消耗量、机械台班等分析计算资料，适用于劳动力组织、材料储备、加工订货、机具安排、成本核算、施工调度、作业计划、下达任务、经济包干、限额领料等项管理工作。

1.3.5 竣工决算

建设工程竣工后，根据实际施工完成情况，按照施工图预算的规定和编制方法，所编制的工程施工实际造价以及各项费用的经济文书，叫做“竣工决算”。它是由施工企业编制的最终付款凭据，经建设单位和建设银行审核无误后生效。

在以上 5 种工程建设投资文件中，设计概算、施工图预算、施工预算是建筑室内装饰工程预算的三个组成部分。

1.4 建筑工程施工图预算编制的方法和步骤

1.4.1 一般土建工程预算的编制方法

建筑工程施工图预算编制的方法有单价法和实物法两种；编制预算经常使用方法是单价法。

(1)单价法

用单价法编制一般土建施工图预算，就是利用各地区、各部门颁发的建筑工程预算定额(或单位估价表)，根据施工图和工程量计算规则计算出的各分项工程量，分别乘以相应单价计算出各分项合价，然后对各分项合价进行汇总计算出定额直接费，定额直接费加上其他直接费计算出工程直接费；再以工程直接费(或工程直接费中的人工费、机械费合计)为基础，按有关造价部门颁布的费用定额中的各种费率，求出工程的间接费用、利润及税金等费用；最后将以上费用按规定进行汇总即为一般土建工程预算造价。

以工程直接费为计算基础时，计算过程用计算式可表达为：

一般土建工程预算造价 = {Σ(预算基价 × 分项工程量) × (1 + 其他直接费费率) × (1 + 间接费费率) + Σ(预算基价 × 分项工程量) × (1 + 其他直接费费率) × 利润率} × (1 + 税金费率)

工程直接费中的人工费、机械费合计为计算基础时，计算过程用计算式可表达为：

一般安装工程预算造价 = {Σ(预算基价 × 分项工程量) × (1 + 其他直接费费率) + 工程直接费中的人工费、机械费合计 × (1 + 间接费费率) + Σ(预算基价 × 分项工程量) × (1 + 其他直接费费率) × 利润率} × (1 + 税金费率)

(2)实物法

用实物法编制一般土建施工图预算，就是根据施工图和工程量计算规则计算出的各分项工程量分别乘以预算定额中的人工、材料、机械台班消耗量计算出各分项工程所消耗的人工、材料、机械台班量，再按类相加求出该工程所需人工、材料、机械台班数量；然后乘以当地当时人工工资标准、各种材料单价、施工机械台班单价的总和再加其他直接费就可求出工程直接费；间接费、利润、税金等费用计算方法与单价法相同。

1.4.2 使用单价法编制一般土建工程预算的步骤(手工计算)

(1)熟悉设计施工图，准备预算定额等有关资料，熟悉预算定额

编制施工图预算前，首先对照图纸目录检查施工图纸是否齐全，进一步熟悉图纸校核分尺寸与总尺寸是否一致，了解设计意图、图纸情况，掌握工程全貌。阅读施工图纸时，应遵循先面后点、先粗后

细、先平面后立面和剖面原则。

另外，针对要编制预算的工程内容搜集有关资料，熟悉并掌握预算定额的使用范围、工程内容及工程量计算规则等。

(2)了解施工组织设计和施工现场情况

编制施工图预算前，应了解施工组织设计影响工程造价的有关内容。例如，各分项工程的施工工艺，土方运输所使运输车辆种类、运距，施工平面图中建筑材料、构配件等堆放地点至施工操作点的距离、采用的安全措施等。

(3)计算分项工程量

根据施工图、预算定额规定工程量计算规则，按一定方向、一定顺序计算各分项工程量，一次性地计算使用同一计算基数相同分部中不同分项工程量。

在工程量计算书中相应位置上应注明部位、编号、名称、规格(或强度等级)，以便汇总和以后核查之用。

(4)工程量汇总

各分项工程量计算完毕并自查无误后，按照定额规定分部、分项顺序逐项汇总，调整列项，为将来套用预算定额打好基础。

(5)套用预算定额

把定额号、工程项目(指定额中分项)内容、计量单位、工程量、工程单价依次写入工程预算表中，然后，计算各分项工程的定额合价(根据需要增设各分项人工费、机械费计算)、主要材料消耗量计算(有的称为材料分析计算)，填入表中相应格内。

(6)计算定额直接费

首先对第5步中计算出分项工程的定额合价、人工费、机械费、材料消耗量一页一页地进行汇总，再对每一页结果进行汇总计算出定额直接费。

在进行单页汇总的同时，应对第5步中每一分项计算结果自行进行校核。

另外，根据本地区、本部门有关规定需要计算材料差价。

(7)计算各项费用

计算出定额直接费后，根据本地区、本部门有关规定，计算其他直接费、间接费、利润、税金，最后进行汇总计算出一般土建工程预算造价。

(8)校核

工程预算编制出来以后，由相关人员对预算编制过程中每一内容进行核查，以便及时发现差错，及时更改，提高工程预算的准确性。在核查时，应对所列项目、工程计算公式、数字结果、预算定额套用及各种费用计算进行核查。

实际上，校核重点应放在预算编制人员自身核查上。

(9)编制说明、填写封面、装订成册

编制说明一般包括以下几项内容。

① 工程概况：工程名称、结构类型、建筑面积、层数、内外装修情况等内容。

② 编制依据：工程类别、采用定额、材料价格及各种费用情况等资料。

③ 其他说明：参考定额、暂估价情况。

1.5 建筑工程施工图工程量计算的一般原则

工程量是以自然计量单位或物理计量单位所表示的各分项工程量。

自然计量单位是指以施工对象本身自然组成情况为计量单位。例如，个、樘、套、台、组等计量单位。

物理计量单位是指以物体的物理属性为计量单位。例如，“m”、“m^2”、“m^3”、“t”、“kg”等计量单位。

1.5.1 工程量计算的作用

①工程量计算是施工图预算编制的基础步骤，其计算准确性直接影响到施工图预算造价的准确性。

②工程量大小是施工企业编制施工进度计划，组织安排施工人员、材料、构件及机具供应的重要依据。

③工程量是基本建设财务管理和会计核算的重要依据。

④工程量是投标人工程量清单投标的重要依据。

1.5.2 工程量计算的一般原则

(1)工程量计算规则要一致

计算工程量采用的计算规则，必须与本地区、本部门现行预算定额计算规则相一致。例如，在河北省境内计算场地平整工程量，应按河北建设工程依据（第一部）规定，按建筑物的底面积计算，而不能按建筑物外墙外边线每边各加2m所围面积以“m^2”计算。

（2）工程量计算口径要一致，避免重复列项

计算工程量时，要掌握预算定额中每一个分项明显包含及隐含的工作内容，避免重复计算工程量情况的发生，某一个定额分项已包括的工作内容，就不应再另列项目计算工程量。

例1，挖土方、挖槽工作内容已包括拍底、钎探，那么拍底、钎探就不能再另列项计算其工程量。

例2，散水、台阶等项目工作内容已包括挖土、填土、垫层、基层等，那么，这些分项就不能再另列项计算其工程量。

计算口径一致问题，应严格遵照本地区、本部门现行预算定额执行。

（3）计量单位要一致

应注意工程量计算单位和工程量计量单位之间的换算关系，计算工程量时，所列出的各分项工程的计量单位，必须与本地区、本部门现行预算定额中的相应项目计量单位相一致。例如，钢管扶手金属栏杆定额中计量单位为10m，那么计算钢管扶手金属栏杆工程量计量单位就应该按m，而不能按t。

（4）工程量计算精确度要统一

以“t”为单位，应取三位小数，第四位四舍五入；以“m^3”、“m^2”、“m”为单位，应取两位小数，第三位四舍五入；以“个”、“樘”，应取整数；

（5）计算尺寸取定要正确

①应按预算定额规定取定尺寸，因定额规定中：有的规定按净长、有的规定按中心线等。

②按施工图计算工程量，首先应核对细部尺寸和分轴线尺寸、分轴线尺寸和总尺寸之间是否匹配。

③施工图中标注与预算定额规定不一致，应按预算定额规定计算工程量。例如。1.5砖厚普通黏土砖墙体，施工图中有的标注360mm、有的标注370mm，如定额中规定1.5砖厚普通黏土砖墙体厚按365mm标注，那么计算1.5砖厚普通黏土砖墙体工程量时厚度就

应该按365mm标注。

④应了解一些必要的施工技术知识

(6)工程量计算应遵循一定的顺序

工程量计算应遵循一定的顺序，可避免漏算或重复计算，而且还可以加快计算速度。

1.6 建筑工程施工图定额的性质

建筑工程定额是指在一定的施工技术与建筑艺术综合创作条件下，为完成该项建筑工程质量合格的产品，消耗在单位基本构造要素上的人工、机械和材料的数量标准与费用额度。这里说的基本构造要素，就是通常所说的分项建筑工程或结构构件。以地面装饰工程为例，该分部工程中的整体面层、块料面层及面饰，就是该分部装饰工程中的分项工程。

建筑工程定额涉及建筑工程技术、建筑艺术创作，也与建筑施工企业的管理以及建筑工程投入费用的确定关系密切。因此，建筑工程定额具有以下几个性质。

1.6.1 法令性

定额由国家各主管部门制定、颁发并供所属企业单位使用，在执行范围内的任何单位与企业必须遵守执行，不得随意更改其内容与标准。如需修改、调整和补充，必须经主管部门批准，下达有关相应文件。定额统一了资源消耗的标准，因而国家对工程设计标准和企业经营水平能进行统一的考核和有效监督，所以定额具有一定的法令性。

1.6.2 指导性

定额适应我国社会主义市场经济的特点，在一定范围内具有一定程度的指导性质。如全国统一建筑工程基础定额中指出：定额中的混凝土、砌筑砂浆等，其配合比是按现行规范规定计算的，各地区可按当地材料质量情况调整其配合比和材料耗用量。所以，定额自身又有一定的灵活性，对企业指导性的特征更加明显。

1.6.3 科学性

定额的制定来源于实践，又服务于实践。它在客观规律的基础上，以工作实践研究为手段，记录了人工、材料、施工机具及单价费用的数量，同时又考虑了施工技术应用与发展，因此建筑工程各种定额都符合建筑施工生产实践，因而定额在生产中的应用，可提高企业管理水平，促进生产发展，提高企业效益。

1.6.4 群众性

定额是根据当时社会生产力水平，在实际的大量测定、综合、分析、研究生产过程中的数量和资料的基础上制定出来的。因此它来源于实践，具有广泛的群众基础。定额编写是由定额管理技术人员、熟练工人和工程技术人员以科学分析的方法，排除浪费和不合理的生产习惯，确定出合理、科学的计算方法、工作时间及资源消耗，因而定额在应用过程中可以被广大群众应用和接受。

1.6.5 时间性

定额是由一定时期的社会生产力水平确定的，我国从 1951 年制定东北地区统一劳动定额开始，随着生产技术的发展，生产条件的提高，原有定额需不断改进，授权部门必须根据实际情况制定出新定额或补充定额。定额必须是相对稳定的，不能朝令夕改。

1.6.6 范围性

定额的执行具有一定的范围性，在规定的范围内必须认真执行。从编制范围上，有全国、地方与企业内之分；根据专业不同又可分为建筑工程基础定额、建筑装饰基础定额、安装工程定额、给排水工程定额等。所以，定额具备一定的范围性。

2

建筑工程施工图预算定额的基价

2.1 人工、材料、机械台班单价的确定

预算定额基价也称预算价值，是以建筑安装工程预算定额规定的人工、材料和机械台班消耗指标为依据，以货币形式表示每一分项工程的单位价值标准。它是以地区价格资料为基准综合取定的，是编制工程预算造价的基本依据。

建筑工程直接工程费是在工程施工过程中直接耗费的构成工程实体和有助于工程实体形成的各项费用。它包括人工费、材料费和施工机械使用费。直接工程费是构成工程量清单中分部分项工程费的主体费用。

2.1.1 人工费的计算

人工费由完成设计文件规定的全部内容所需要定额工日消耗数量以及零星工作的工日消耗数量乘以人工单价计算而成。人工单价包括基本工资、工资性津贴、辅助工资、福利费、劳动保护费、住房公积金、工会经费、教育经费和危险作业意外伤害保险费。

(1)基本工资

基本工资＝生产工人年均基本工资/年法定工作日

(2)工资性津贴

工资性津贴＝生产工人年人均津贴/年法定工作日

(3)辅助工资

辅助工资＝(基本工资＋工资性津贴)×年平均非工作天数/年法定工作日

(4)福利费

福利费＝按规定基数计提的生产工人年人均福利费额/年法定工

作日

(5)劳动保护费

劳动保护费 = 生产工人年劳动保险费发放额/年法定工作日

(6)住房公积金

住房公积金 = 按规定基数计提的生产工人年人均住房公积金额/年法定工作日

(7)工会经费

工会经费 = 按规定基数计提的生产工人年人均工会经费金额/年法定工作日

(8)教育经费

教育经费 = 按规定基数计提的生产工人人均教育经费金额/年法定工作日

(9)危险作业意外伤害保险费

危险作业意外伤害保险费 = 从事危险作业人员年均意外伤害保险金额/(法定工作日 × 生产工人年平均人数)

因此：

人工单价 = (1) + (2) + (3) + (4) + (5) + (6) + (7) + (8) + (9)

2.1.2 材料费的计算

材料费由完成设计文件规定的全部工程内容所需的材料消耗数量乘以材料单价计算而成。材料费包括材料原价，材料运输、采购及保管费，检验试验费。

(1)材料原价

材料原价一般指材料的出厂价、进口材料抵岸价格或市场批发价。

(2)材料运输费

材料运输费指材料自采购源地运至工地仓库或存放地发生的装、卸、运、堆放等过程的费用以及运输、装卸的损耗，材料运输包装费用及摊销费用。

其中：运输、装卸损耗 = 材料原价 × 相应材料损耗率。

(3)采购及保管费

采购及保管费 = (材料原价 + 材料运杂费) × 采购及保管费率

(4)检验试验费

检验试验费=按规定每批材料抽验所需费用/该批材料数量

因此：

材料单价=材料原价+材料运输费+采购及保管费+检验试验费

2.1.3 机械使用费的计算

施工机械使用费由完成设计文件规定的全部工程内容所需定额机械台班消耗数量乘以机械台班单价计算而成。

(1)折旧费

折旧费=预算价格×(1-残值率)×时间价值系数/耐用总台班

(2)大修理费

大修理费=一次修理费×寿命期内大修次数/耐用总台班

(3)经常修理费

经常修理费=[Σ(各级保养一次费用×寿命期内各级保养次数)+临时故障排除费+替换设备台班摊销费+工具附具台班摊销费+例保辅料费]/耐用台班

(4)机台人工费

机台人工费=年工作台班机上人工数×人工单价×A(元/台班)，

其中：A=1+(法定工作日一年工作台班)/年工作台班。

(5)燃料动力费

燃料动力费=Σ(台班燃料动力消耗数量×相应燃料单价)

(6)机械安拆和场外运输费

机械安拆和场外运输费=一次安拆费及场外运输费×年平均安拆次数/年工作台班

(7)其他费用

其他费用=(年养路费+车船使用税+年保险费+年检费用)/年工作台班

因此：机械台班单价=折旧费+大修理费+经常修理费+机台人工费+燃料动力费+机械安拆和场外运输费+其他费用

或：机械台班单价=租赁单价

2.1.4 管理费的组成及计算

(1)管理费的组成

管理费是指组织施工生产和经营所需的费用。包括企业管理费，现场管理费，冬雨季施工增加费，生产工具使用费，工程定位、复测、点交、场地清理费，远地施工增加费，非甲方所为4小时内的临时停水停电费。

①企业管理费指企业管理层为组织施工生产经营活动发生的管理费，包括如下费用。

a. 管理人员的基本工资、工资性施工津贴、房租补贴、职工福利费、劳动保护费。

b. 差旅交通费：指企业职工因公出差、工作调动的差旅费、住勤补助费、市内交通费和误餐补助费、职工探亲路费、劳动力招募费、离退休职工一次性路费及交通工具油料、燃料、牌照、养路费等。

c. 办公费：指企业办公用文具、纸张、账表、印刷、邮电、书报、会议、水、电、燃煤、燃气等费用。

d. 固定资产折旧、修理费：指企业管理使用不属于固定资产的工具、器具、家具、交通工具、检验、试验、消防等的摊销及维修费用。

e. 工会经费及职工教育经费：工会经费是指按企业职工工资总额提取的经费；职工教育经费是指企业为职工学习先进技术和提高文化水平的费用，按职工工资总额提取。

f. 职工待业保险费：指按规定标准计提的职工待业保险费用。

g. 保险费：指企业财产保险、管理用车辆等保险费用。

h. 税金：指企业按规定缴纳的房产税、车船使用税、土地使用税、印花税及土地使用费等。

i. 其他：包括技术转让费、技术开发费、业务招待费、绿化费、广告费、公证费、法律顾问费、审计费、咨询费、联防费等。

②现场管理费指现场管理人员组织工程施工过程中所发生的费用，包括如下费用。

a. 现场管理人员的基本工资、工资性津贴、房租补贴、职工福利费、劳动保护费。

b. 办公费：指现场管理办公用文具、纸张、账表、印刷、邮电、电报、会议、水、电、燃煤、燃气等费用。

c. 差旅交通费：指职工因公出差、工作调动的差旅费、外勤补助费、市内交通费和误餐补助费、职工探亲路费、劳动力招募费、离退休职工一次性路费及交通工具油料、燃料、牌照、养路费等。

d. 固定资产使用费：指现场管理及试验部门使用的属于固定资产的设备、仪器等的折旧、大修、维修和租赁费用。

e. 低值易耗品摊销费：指现场管理使用不属于固定资产的工具、器具、家具、交通工具、检验、试验、消防等的摊销及维修费用。

f. 保险费：指施工管理用财产和车辆保险、高空作业等特殊工种的安全保险等费用。

③冬雨季施工增加费指在冬雨施工期间所增加的费用。包括冬雨季作业、临时取暖、建筑物门窗洞口封闭及防雨措施、排水、工效降低等费用。

④生产工具使用费指施工生产所需不属于固定资产的生产工具、检验用具、仪器仪表等的购置、摊销和维修费以及支付给工人自备工具的补贴费。

⑤工程定位、复测、点交、场地清理费。

⑥远地施工增加费指远离基地施工所发生的管理人员和生产工人的调迁旅费、工人在途工资，中小型施工机具、工具仪器、周转性材料、办公和生活用具等的运杂费。

对包工包料工程，不论施工单位基地与工程所在地之间距离远近，均由施工单位包干使用；包工包料工程按发承包双方的合同约定计算。

⑦非甲方所为 4 小时以内的临时停水停电费。

(2)管理费的计算

管理费以人工费和机械费合计为计算基数。

管理费(%)=生产工人年平均管理费/〔年有效施工天数×(人工单价+每一工日机械使用费)〕×100%

2.1.5 利润的组成及计算

利润是指施工企业完成所承包工程应收回的酬金。

在工程量清单计价模式下，利润不单独体现，而是被分别计入分部分项工程费、措施项目费和其他项目费当中。具体计算方法以“人工费加机械费”为基数乘以利润率。利润的计算公式为：

利润=计算基数×利润率(%)

2.2 建筑工程施工措施的构成及计算

措施项目费是指除分部分项工程费以外，为完成该工程项目施工，发生于该工程施工前和施工过程中技术、生活、安全等方面的非工程实体项目所需的费用。

2.2.1 建筑工程措施费用

建筑工程措施费用包括环境保护费、文明施工费、安全生产费、临时设施费、夜间施工费、二次搬运费、脚手架费、已完工程及设备保护费、垂直运输机械费、室内空气污染测试费、赶工措施费等。

2.2.2 措施费计算标准

(1)环境保护费：按环保部门的有关规定计算，由双方在合同中约定。

(2)现场安全文明措施费：建筑工程按分部分项工程费的0.5%～1.5%计算。该费用作为不可竞争费。

(3)临时设施费：建筑工程按分部分项工程费的0.3%～1.2%计算。

(4)二次搬运费：按相关统一规定计算。

(5)夜间施工增加费：根据工程实际情况，由发承包双方在合同中约定。

(6)脚手架费：按相关统一规定计算。

(7)已完工程及设备保护费：根据工程实际情况，由发承包双方在合同中约定。

(8)垂直运输机械费：按相关统一规定计算。

(9)室内空气污染测试费：根据工程实际情况，由发承包双方在合同中约定。

(10)赶工措施费：由发承包双方在合同中约定。

2.2.3 建筑工程措施费的计算

系数计算法：是用与措施项目有直接关系的工程项目直接工程费(或人工费或人工与机械之和)合计作为计算基数，乘以措施费用系数。

措施费用系数是根据以往有代表性工程的资料，通过分析计算取得的。

2.3 规费、税金的组成及计算

2.3.1 规费

(1)规费的概念及组成

规费是指政府和有关部门规定必须缴纳的费用，简称规费。包括：工程定额测定费、安全生产监督费、建筑管理费、劳动保险费。

(2)规费费率的计算公式

①以直接工程费为计算基础

$$规费费率(\%)=\frac{\sum 规费缴纳标准\times 每万元发承包价计算基数}{每万元发承包价中的人工费含量}\times 人工费占直接工程费比例(\%)$$

②以人工费为计算基础

$$规费费率(\%)=\frac{\sum 规费缴纳标准\times 每万元发承包价计算基数}{每万元发承包价中的人工费含量}\times 100\%$$

③以人工费和机械费含量为计算基础

$$规费费率(\%)=\frac{\sum 规费缴纳标准\times 每万元发承包价计算基数}{每万元发承包价中的人工费和机械费含量}\times 100\%$$

规费费率一般按当地政府或有关部门制定的费率标准执行。

(3)规费计算

规费计算公式为：

$$规费=计算基数\times 规费费率(\%)$$

2.3.2 税金的组成与计算

税金是指国家税法规定的应计入建筑安装工程造价内的营业税、城市维护建设及教育费附加。计算公式为：

$$税金=(税前造价+利润)\times 税率(\%)$$

税率按现行税法规定：

(1)缴税地点在市区的企业

$$税率=\frac{1}{1-3\%-(3\%\times 7\%)-(3\%\times 3\%)}-1$$

(2)缴税地点在县城、镇的企业

$$税率 = \frac{1}{1 - 3\% - (3\% \times 5\%) - (3\% \times 3\%)} - 1$$

(3)缴税地点不在市区、县城、镇的企业

$$税率 = \frac{1}{1 - 3\% - (3\% \times 1\%) - (3\% \times 3\%)} - 1$$

2.3.3　计税税率见表2-1

表2-1　计税税率

纳税人地区	纳税人所在地为市区	纳税人所在地为县城、镇	纳税人所在地不在市区、县城或镇
	不含税工程造价		
综合税率(%)	3.41	3.35	3.22

注：1)不分国营或集体建筑安装企业，均以工程所在地区税率计取。

2)企事业单位所属的建筑修缮单位，承包本单位建筑、安装工程和修增业务不计取税金(本单位的范围只限于从事建筑安装和修缮业务的企业单位本身，不能扩大到本部门各个企业之间或总分支机构之间)。

3)建筑安装企业承包工程实行分包形式的，税金由总承包单位统一计取缴纳。

3 建筑工程施工图工程量清单的计价

3.1 工程量清单的定义和性质

3.1.1 工程量清单的定义

工程量清单是表现拟建工程的分部分项工程项目、措施项目、其他项目名称和相应数量的明细清单，包括分部分项工程量清单、措施项目清单、其他项目清单。工程量清单计价是指投标人完成由招标人提供的工程量清单所需的全部费用，包括分部分项工程费、措施项目费、其他项目费和规费、税金。工程量清单计价方法是在建设工程招投标中，招标人或招标人委托具有资质的中介机构编制反映工程实体消耗和措施性消耗的工程量清单，并作为招标文件的一部分提供给投标人，由投标人依据工程量清单自主报价的计价方式。

3.1.2 工程量清单计价的性质及特点

(1)性质

①规定性：通过制定统一的建设工程工程量清单计价方法，达到规范计价行为的目的。这些规则和办法是强制性的，工程建设各方面都应该遵守，主要体现在：一是规定全部使用国有资金或国有投资为主的大中型建设工程应按规范规定执行；二是明确工程量清单是招标文件的组成部分，并规定招标人在编制工程量清单时必须做到项目编码、项目名称、计量单位、工程量计算规则四统一，并且要用规定的标准格式来表述。在清单编码上，《建设工程工程量清单计价规范》规定，分部分项工程量清单编码以 12 位阿拉伯数字表示，前 9 位为全国统一编码，编制分部分项工程量清单时应按附录中的相应编码设置，不得变动，后 3 位是清单项目名称编码，由清单编制人根据设置的清单项目编制。

②实用性：计价规范附录中工程量清单项目及计算规则的项目名称表现的是工程实体项目，项目名称明确清晰，工程量计算规则简洁明了，特别还列有项目特征和工程内容，易于编制工程量清单时确定具体项目名称和投标报价。

③竞争性：一是《建设工程工程量清单计价规范》中的措施项目，在工程量清单中只列"措施项目"一栏，具体采用什么措施，如模板、脚手架、临时设施、施工排水等详细内容由投标人根据企业的施工组织设计，视具体情况报价，因为这些项目在各个企业间各有不同，是企业竞争项目，是留给企业的竞争空间。二是《建设工程工程量清单计价规范》中人工、材料和施工机械没有具体的消耗量，将工程消耗量定额中的工、料、机价格和利润、管理费全面放开，由市场的供求关系自行确定价格。投标企业可以依据企业的定额和市场价格信息，也可以参照建设行政主管部门发布的社会平均消耗量定额进行报价，《建设工程工程量清单计价规范》将定价权还给了企业。

(2)特点

①统一讲价规则通过制定统一的建设工程工程量清单计价方法、统一的工程量清单计量规则、统一的工程量清单项目设置规则，达到规范讲价行为的目的。这些规则和办法是强制性的，参与建设的各方都应该遵守，这是工程造价管理部门首次在文件中明确政府应管什么，不应管什么。

②有效控制消耗量通过由政府发布统一的社会平均消耗量指导标准，为企业提供一个社会平均尺度，避免企业盲目或随意大幅度减少或扩大消耗量，从而达到保证工程质量的目的。

③彻底放开价格将工程消耗量定额中的工、料、机价格和利润、管理费全面放开，由市场的供求关系自行确定价格。

④企业自主报价投标企业根据自身的技术专长、材料采购渠道和管理水平等，制定企业自己的报价定额，自主报价。企业尚无定额的可参考使用造价管理部门颁发的《建设工程消耗定额》。

⑤形成市场有序竞争通过建立与国际惯例接轨的工程量清单计价模式，引入价格机制的市场竞争，制定衡量投标报价合理性的基础标准，在投标过程中，有效引入竞争机制，淡化标的的作用，在保证质量、工期的前提下，按照国家《招标投标法》及有关条款规定，最终

以“不低于成本”的合理价格者中标。

3.2 建筑工程施工图工程量清单的编制

建筑工程工程量清单由招标人编制，招标人不具有编制资质的要委托有工程造价咨询资质的单位编制。

3.2.1 建筑工程工程量清单的组成

建筑工程工程量清单应包括：工程量清单总说明，内含工程概况、现场条件、编制工程量清单的依据及有关资料、对施工工艺及材料的特殊要求等；分部分项工程量清单；措施项目清单；其他项目清单；零星工作项目表；主要材料价格表。

3.2.2 建筑工程分部分项工程量清单的编制

建筑工程工程量清单是招标文件的组成部分，主要由分部分项工程量清单、措施项目清单和其他清单组成，是签订合同、调整工程量和办理竣工结算的基础。

建筑工程工程量清单项目设置。建筑工程工程量清单的项目设置规则是为了统一工程量清单项目名称、项目编码、计量单位和工程量计算而制定的，是编制工程量清单的依据。在《建设工程工程量清单计价规范》中，对工程量清单项目的设置做了明确的规定。

(1)项目编码

以五级编码设置，用12位阿拉伯数字表示。一、二、三、四级编码统一；第五级编码由工程量编制人区分具体工程清单项目特征而分别编码：第一级表示分类码(分2位)，装饰装修工程为02；第二级表示章顺序码(分2位)；第三级表示节顺序码(分2位)；第四级表示清单项目码(分3位)；第五级表示具体清单项目编码(分3位)。

(2)项目名称

原则上以形成工程实体而命名。项目名称如有缺项，招标人可按相应的原则进行补充，并报当地工程造价管理部门备案。

(3)项目特征

是对项目的准确描述，是影响价格的因素，是设置具体清单项目的依据。项目特征按不同的工程部位、施工工艺或材料品种、规格等分别列项。凡项目特征中未描述到的其他独有特征，由清单编制人视项目具体情况确定，以准确描述清单项目为准。

(4)计量单位

应采用基本单位，除各专业另有特殊规定外，均按以下单位计量：以重量计算的项目，吨或千克(t 或 kg)；以体积计算的项目，立方米(m^3)；以面积计算的项目，平方米(m^2)；以长度计算的项目，米(m)；以自然计量单位计量的项目，个、套、块、樘组、台等；没有具体数量的项目，系统、项等。

(5)工程内容

工程内容是指完成该清单项目可能发生的具体工程，可供招标人确定清单项目和投标人投标报价时参考。

3.3 建筑工程施工图工程量清单计价模式的费用构成

建筑工程工程量清单计价模式的费用构成包括分部分项工程费、措施项目费、其他项目费以及规费和税金。

3.3.1 分部分项工程费

分部分项工程费是指完成在工程量清单列出的分部分项清单所需的费用。包括：人工费、材料费(消耗的材料费总和)、机械使用费、管理费、利润以及风险费。

3.3.2 措施项目费

措施项目费是由“措施项目一览表”确定的工程措施项目金额的总和。包括：人工费、材料费、机械使用费、管理费、利润以及风险费。

3.3.3 其他项目费

其他项目费是指预留金、材料购置费(仅指由招标人购置的材料)、总承包服务费、零星工程项目费的估算金额等。

3.3.4 规费

规费是指政府和有关部门规定必须缴纳的费用。

3.3.5 税金

税金是指国家税法规定的应计入建筑安装工程造价内的营业税、城市维护建设税及教育附加税等。

3.4 建设工程工程量清单及其计价格式

《建设工程工程量清单计价规范》，规定了工程清单及其计价的统一格式和填写方法。

3.4.1 装饰工程工程量清单格式

装饰工程工程量清单统一格式中零星工作项目表是其他项目清单的附表，是为其他项目清单计价服务的。随工程量清单发至投标人的还应包括主要材料表，招标人提供的主要材料价格表应包括详细的材料编码、材料名称、规格型号和计量单位，主要材料价格表主要供评标时用。

填表时必须遵守以下规定。

(1)装饰工程工程量清单及其计价格式中所有要求签字、盖章的地方，必须由规定的单位和人员签字、盖章。

(2)装饰工程工程量清单及其计价格式中的任何内容不得随意删除或涂改。

(3)装饰工程工程量清单及其计价格式中列明的所有需要填报的单价和合价，投标人均应填报，未填报的单价和合价，视为此项费用已包含在工程量清单的其他单价和合价中。金额(价格)均应以人民币表示。

3.4.2 建设工程工程量清单计价格式

__________工程　　工 程 量 清 单

招　标　人：______________________(单位签字盖章)

法定代表人：______________________(签字盖章)

中介机构：______________________

法定代表人：______________________(签字盖章)

造价工程师

及注册证书号：____________________(签字盖执业专用章)

编制时间：______________________________

填表须知

1. 工程量清单及其计价格式中所有要求签字、盖章的地方，必须由规定的单位和人员签字、盖章。

2. 工程量清单及计价格式中的任何内容不得随意删除或涂改。

3. 工程量清单计价格式中列明的所有需要填报的单价和合价，投标人均应填报，未填报的单价和合价，视为此项费用已包含在工程量清单的其他单价和合价中。

4. 金额(价格)均应以人民币表示。

总 说 明

工程名称： 第 页 共 页

分部分项工程量清单

工程名称： 第 页共 页

序号	项目编码	项目名称	计量单位	工程数量

措施项目清单

工程名称：　　　　　　　　　　第　页　共　页

序号	项　目　名　称

其他项目清单

工程名称：　　　　　　　　　　第　页　共　页

序号	项　目　名　称

零星工作项目表

工程名称： 第 页 共 页

序号	名称	计量单位	数量
	人工		
	材料		
	机械		

3.4.3 工程量清单计价应采用的统一格式

工程量清单计价格式应随招标文件发至投标人。工程量清单计价格式应由下列内容组成：封面、投标总价、工程项目总价表、单项工程费汇总表、单位工程费汇总表、分部分项工程量清单计价表、措施项目清单计价表、其他项目清单计价表、零星工作项目计价表、分部分项工程量清单综合单价分析表、措施项目费分析表、主要材料价格表。

____________________工程 工 程 量 清 单

招 标 人：____________________（单位签字盖章）

法定代表人：____________________（签字盖章）

中介机构
法定代表人：____________________（签字盖章）

造价工程师
及注册证书号：________________（签字盖执业专用章）

编制时间：________________________

投 标 总 价

建设单位：
工程名称：
投标总价(小写)：
(大写)：

投标人：______________________(单位签字盖章)
法定代表人：______________________(签字盖章)
编制时间：______________________

工程项目总价表

工程名称：　　　　　　　　　　　　　　　　　　　　　　　　第　页　共　页

序号	单项工程名称	金额(元)
	合计	

单项工程费汇总表

工程名称：　　　　　　　　　　　　　　　　　　　　　　　　第　页　共　页

序号	单项工程名称	金额(元)
	合计	

工程项目总价表

工程名称：　　　　　　　　　　　　　　　　　　　第　页　共　页

序号	单项工程名称	金额(元)
1	分部分项工程量清单计价合计	
2	措施项目清单计价合计	
3	其他项目清单计价合计	
4	规费	
5	税金	
	合计	

分部分项工程量清单计价表

工程名称：　　　　　　　　　　　　　　　　　　　第　页　共　页

序号	项目编码	项目名称	计量单位	工程数量	金额(元)	
					综合单日	合价
		本页小计				
		合计				

3.4.4 装饰工程工程量清单计价格式的填写应符合的规定

(1)工程量清单计价格式应由招标人填写。

(2)封面应按规定内容填写、签字、盖章。

(3)投标总价应按工程项目总价表合计金额填写。

(4)工程项目总价表：表中单项工程名称应按单项工程费汇总表的工程名称填写；表中金额应按单项工程费汇总表的合计金额填写。

(5)单项工程费汇总表：表中单位工程名称应按单位工程费汇总表的工程名称填写；表中金额应按单位工程费汇总表的合计金额

填写。

(6)单位工程费汇总表中的金额分别按照分部分项工程量清单计价表、措施项目清单计价表和其他项目清单计价表的合计金额和按有关规定计算的规费、税金填写。

(7)分部分项工程量清单计价表中的序号、项目编码、项目名称、计量单位、工程数量必须按分部分项工程量清单中的相应内容填写。

(8)措施项目清单计价表：表中的序号、项目名称必须按措施项目清单中的相应内容填写；投标人可根据施工组织设计采取的措施增加项目。

(9)其他项目清单计价表：表中的序号、项目名称必须按其他项目清单中的相应内容填写；招标人部分的金额必须按《建设工程工程量清单计价规范》5.1.3 条中招标人提出的数额填写。

(10)零星工作项目计价表：表中的人工、材料、机械名称、计量单位和相应数量应按零星工作项目表中相应的内容填写，工程竣工后零星工作费应按实际完成的工程量所需费用结算。

(11)分部分项工程量清单综合单价分析表和措施项目费分析表，应由招标人根据需要提出要求后填写。

(12)主要材料价格表：招标人提供的主要材料价格表应包括详细的材料编码、材料名称、规格型号和计量单位等；所填写的单价必须与工程量清单计价中采用的相应材料的单价一致。

3.4.5 工程量清单的计价实例

建筑工程工程量清单计价表是工程投标文件的重要内容，附录 1 以厦门某科技有限公司办公楼装修投标书为例说明。本实例可供读者作为编制工程量清单计价表的参考，也可让读者熟悉投标文件的编制内容。

4

建筑工程施工图工程量清单的工程量计算

4.1 工程量清单的工程量计算依据和注意事项

工程量是以自然计量单位或物理计量单位所表示的各分项工程量。自然计量单位是指以施工对象本身自然组成情况为计量单位，例如个、樘 套、台、组等计量单位；物理计量单位是以物体的物理属性为计量单位，例如米、平方米、立方米、吨、千克等计量单位。

4.1.1 建筑工程工程量清单中工程量的计算

建筑工程工程量编制的主要依据为：建筑施工图及施工说明；建筑工程施工组织设计和现场施工具体条件；建筑工程量清单计算规则；招投标工程还要包括招标文件及答疑纪要。

4.1.2 正确计算装饰工程工程量的意义和作用

(1)工程量计算是施工图预算编制的基础步骤，工程量计算的准确与否，直接影响到整个装饰工程项目预算造价的准确性。

(2)工程量是装饰施工企业编制施工作业计划，合理安排施工进度，组织劳动力、材料和机械的重要依据。

(3)工程量是基本建设财务管理和会计核算的重要依据。

(4)工程量清单中工程量计算是进行工程招标时提供招标文件的重要依据。

4.1.3 建筑工程工程量计算的一般原则和注意事项

(1)严格按照工程量清单计算规则和已会审的施工图进行计算，不得任意加大或缩小各部位尺寸，力求工程量计算的准确性。

(2)计算工程量采用的计算规则，必须与本地区、本部门现行预算定额计算规则相一致。

(3)工程量计算口径要一致，避免重复列项。计算工程量时，要掌握预算定额中每一个分项明显包含及隐含的工作内容，避免重复计算工程量情况的发生，某一个定额分项已包括的工作内容，就不应再另列项目计算工程量。并应严格按照本地区、本部门现行预算定额执行，以确保计算口径的一致。

(4)计量单位要一致、并且应注意工程量计算单位和工程量计量单位之间的换算关系。计算工程量时，所列出的各分项工程的计量单位，必须与本地区、本部门现行预算定额中的相应项目计量单位相一致。例如，钢管扶手金属栏杆定额中计量单位为米，那么计算钢管扶手金属栏杆工程量单位就应该按米计量，而不能按吨。

(5)工程量计算精确度要统一。以“吨”为单位，应取三位小数，第四位四舍五入；以“立方米”、“平方米”、“米”为单位，应取两位小数，第三位四舍五入；以“个，“樘”，应取整数。

(6)计算尺寸取定要正确。应按预算定额规定取定尺寸，因定额规定中：有的规定按净长、有的规定按中心线等。按施工图计算工程量，首先应核对细部尺寸和分轴线尺寸、分轴线尺寸和总尺寸之间是否匹配。施工图中标注与预算定额规定不一致，应按预算定额规定计算工程量。例如，1.5 砖厚普通黏土砖墙体，施工图中有的标注 360mm、有的标注 370mm，定额中规定 1.5 砖厚普通黏土砖墙体厚按 365mm 标注，那么计算 1.5 砖厚普通黏土砖墙体工程量时厚度就应该按 365mm 标注。应了解一些必要的施工技术知识。

(7)工程量计算应遵循一定的顺序(如分层计算，各层再按各房间的不同部位分别计算)，并注明所在层次、部位、轴线编号等，便于校核、避免漏算或重复计算，以加快计算速度。

(8)工程量计算公式中的数字应按相同的次序排列，如长×宽×高，以利校核。

4.2 建筑工程施工图工程量清单的工程量计算规则

4.2.1 制定统一工程量计算规则的意义和作用

(1)为建筑行业，提供工程量计算上的共同语言

工程量计算规则是建筑行业(包括设计单位、建设单位、施工单位和金融单位)不同主体在计算工程量时都必须遵循的规则，这对于设计单位、建设单位、施工单位和金融单位来说，尽管企业的性质不

同，承担的工作内容不同，但在工程量的计算上方法是一致的。

(2)规范建筑市场的计价行为

建筑工程费用构成的多样性以及计价的多次性，造成建筑市场计价的复杂性和多变性。因此，市场主体和有关部门在计价的过程中必须按照工程量计算规则要求，统一计算口径、统一计量单位、统一计算方法，这是由市场的特性决定的。

(3)规范建筑市场的竞争秩序

建筑市场是一个开放的市场，市场中存在着各种竞争。有序的、合理的竞争可以推动企业和市场的共同发展；而无序的恶性竞争则会阻碍企业和市场的发展，侵害经营者和消费者的利益。统一的工程量计算规则与各种法律的协调运用，可以较好地规范市场的竞争行为，使市场能够在良性环境下运行。

4.2.2　建筑工程清单工程量计算规则与建筑工程计价表工程量计算规则的区别与联系

建筑工程清单工程量计算规则是对清单项目主体工程的计算设置的规则，而不对主体工程以外的其他工程的计量进行叙述。

清单工程量计算规则与计价表工程量计算规则的联系主要表现在：清单工程量计算规则是在定额工程量计算规则的基础上发展起来的，它大部分保留了定额工程量计算规则的内容和特点，是基础定额工程量计算规则的继承和发展。

两种计算规则的区别是：对定额工程量计算规则中不适用于清单工程量计算以及不能满足工程量清单项目设置要求的部分进行了修改和调整。主要表现在三个方面：计量单位的变动、计算口径及综合内容的变动、计算方法的改变。

工程量清单的清单工程量计算规则是根据清单的特点，针对主体工程项目设置的，但其计算口径涵盖了主体工程项目及主体项目以外的其他工程项目的全部工程内容。

4.2.3　建筑工程量清单工程量计量的一般方法

按是否借助于计算机，工程量计量可分为手工计算和计算机辅助计算。

手工计算又分为工程量计算的一般方法(即按施工顺序计算工程量)和使用统筹法计算工程量。在实际手工计算工程量工作中最好将两种方法结合起来使用。

工程量计算的一般方法，是按施工顺序自下而上、由外到里，并结合预算定额分布排列的先后顺序依次计算各分项工程量。也应按着施工图编号先后顺序一页一页地计算，同一个编号或同一个构件包含的所有分项工程量应不间断地计算完。

(1)按顺时针方向计算工程量从图纸的左上方一点开始，从左到右逐项进行，环绕一周再回到起点为止，见图4-1。适用于计算墙体、楼地面、天棚等工程量。

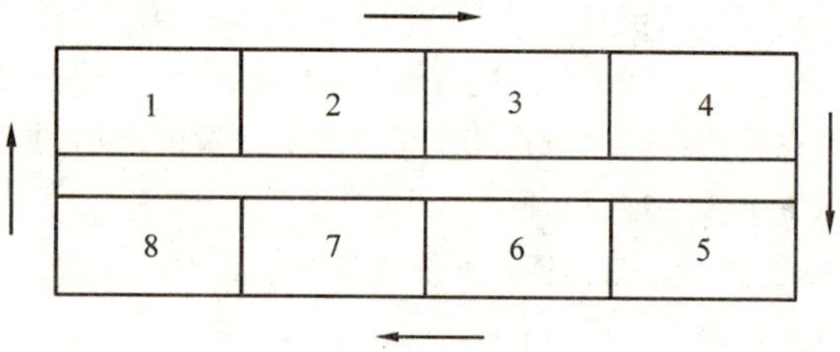

图4-1　按顺时针方向计算工程量

(2)按着先横后竖、先上后下、先左后右的顺序计算工程量见图4-2。适用于计算内墙、内墙基础、内墙装饰等工程量。

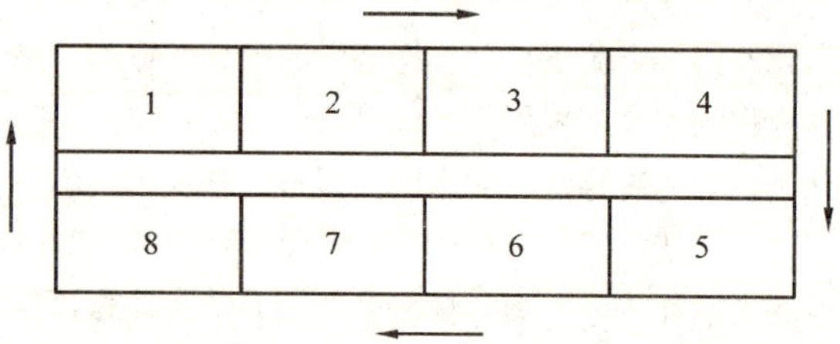

图4-2　按着先横后竖、先上后下、先左后右的顺序计算工程量

(3)按轴线编号顺序计算工程量见图4-3。适用于计算墙体、墙装饰等工程量。

(4)按结构构件编号计算工程量首先按轴线编号顺序统计结构构件名称及每一种结构构件数量，再计算每一种结构构件的工程量。

不同性质结构构件之间按先柱、后梁、再板的顺序计算。

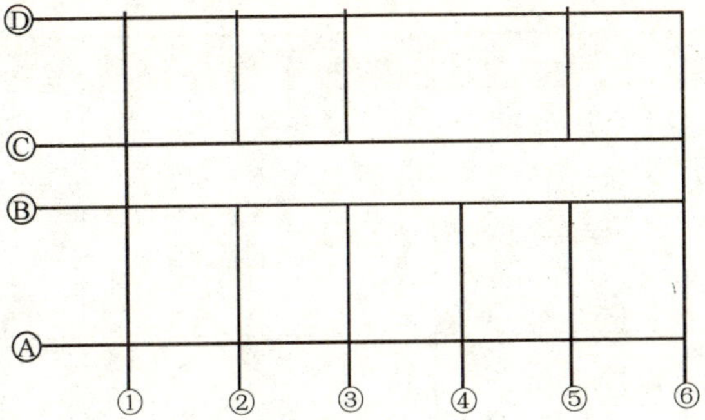

图 4-3 按轴线编号顺序计算工程量

4.3 建筑工程施工图工程量清单的项目设置及工程量计算规则

4.3.1 建筑工程

工程量清单的项目设置及工程量计算规则，应按下列各项规定执行。

A.1 土(石)方工程

A.1.1 土方工程。工程量清单项目设置及工程量计算规则，应按表 A.1.1 的规定执行。

表A.1.1 土方工程(编码: 010101)

项目编码	项目名称	项目特征	计量单位	工程量计算规则	工程内容
010101001	平整场地	1. 土壤类别 2. 弃土运距 3. 取土运距	m^2	按设计图示尺寸以建筑物首层面积计算	1. 土方挖填 2. 场地找平 3. 运输
010101002	挖土方	1. 土壤类别 2. 挖土平均厚度 3. 弃土运距	m^3	按设计图示尺寸以体积计算	1. 排地表水 2. 土方开挖 3. 挡土板支拆 4. 截桩头 5. 基底钎探 6. 运输
010101003	挖基础土方	1. 土壤类别 2. 基础类型 3. 垫层底宽、底面积 4. 挖土深度 5. 弃土运距		按设计图示尺寸以基础垫层底面积乘以挖土深度计算	

（续）

项目编码	项目名称	项目特征	计量单位	工程量计算规则	工程内容
010101004	冻土开挖	1. 冻土厚度 2. 弃土运距	m^3	按设计图示尺寸开挖面积乘以厚度以体积计算	1. 打眼、装药、爆破 2. 开挖 3. 清理
010101005	挖淤泥、流砂	1. 挖掘深度 2. 弃淤泥、流砂距离		按设计图示位置、界限以体积计算	1. 挖淤泥、流砂 2. 弃淤泥、流砂
010101006	管沟土方	1. 土壤类别 2. 管外径 3. 挖沟平均深度 4. 弃土石运距 5. 回填要求	m	按设计图示以管道中心线长度计算	1. 排地表水 2. 土方开挖 3. 挡土板支拆 4. 运输 5. 回填

A. 1. 2 石方工程。工程量清单项目设置及工程量计算规则，应按表 A. 1. 2 的规定执行。

表 A. 1. 2　石方工程(编码：010102)

项目编码	项目名称	项目特征	计量单位	工程量计算规则	工程内容
010102001	预裂爆破	1. 岩石类别 2. 单孔深度 3. 单孔装药量 4. 炸药品种、规格 5. 雷管品种、规格	m	按设计图示以钻孔总长度计算	1. 打眼、装药、放炮 2. 处理渗水、积水 3. 安全防护、警卫
010102002	石方开挖	1. 岩石类别 2. 开凿深度 3. 弃渣运距 4. 光面爆破要求 5. 基底摊座要求 6. 爆破石块直径要求	m^3	按设计图示尺寸以体积计算	1. 打眼、装药、放炮 2. 处理渗水、积水 3. 解小 4. 岩石开凿 5. 摊座 6. 清理 7. 运输 8. 安全防护、警卫

（续）

项目编码	项目名称	项目特征	计量单位	工程量计算规则	工程内容
010102003	管沟石方	1. 岩石类别 2. 管外径 3. 开凿深度 4. 弃渣运距 5. 基底摊座要求 6. 爆破石块直径要求	m	按设计图示 以管道中心线长度计算	1. 石方开凿、爆破 2. 处理渗水、积水 3. 解小 4. 摊座 5. 清理、运输、回填 6. 安全防护、警卫

A. 1. 3 土石方运输与回填。工程量清单项目设置及工程量计算规则，应按表 A. 1. 3 的规定执行。

表A. 1. 3 土石方运输与回填(编码：010103)

项目编码	项目名称	项目特征	计量单位	工程量计算规则	工程内容
010103001	土(石)方回填	1. 土质要求 2. 密实度要求 3. 粒径要求 4. 夯填(碾压) 5. 松填 6. 运输距离	m^3	按设计图示尺寸以体积计算 注：1. 场地回填：回填面积乘以平均回填厚度 2. 中内回填：主墙间净面积乘以回填厚度 3. 基础回填：挖方体积减去设计室 外地坪以下埋没的基础体积(包括基础垫层及其他构筑物)	1. 挖土方 2. 装卸、运输 3. 回填 4. 分层碾压、夯实

A. 1. 4 其他相关问题应按下列规定处理：

(1)土壤及岩石的分类应按表 5-1 土壤及岩石(普氏)分类

(2)土石方体积应按挖掘前的天然密实体积计算。如需按天然密实体积折算时，应按表 A. 1. 4 系数计算。

表A.1.4　土石方体积折算系数表

天然密实度体积	虚方体积	夯实后体积	松填体积
1.00	1.30	0.87	1.08
0.77	1.00	0.67	0.83
1.15	1.49	1.00	1.24
0.93	1.20	0.81	1.00

(3)挖土方平均厚度应按自然地面测量标高至设计地坪标高间的平均厚度确定。基础土方、石方开挖深度应按基础垫层底表面标高至交付施工场地标高确定，无交付施工场地标高时，应按自然地面标高确定。

(4)建筑物场地厚度在±30cm以内的挖、填、运、找平，应按A.1.1中平整场地项目编码列项。±30cm以外的竖向布置挖土或山坡切土，应按A.1.1中挖土方项目编码列项。

(5)挖基础土方包括带形基础、独立基础、满堂基础(包括地下室基础)及设备基础、人工挖孔桩等的挖方。带形基础应按不同底宽和深度，独立基础和满堂基础应按不同底面积和深度分别编码列项。

(6)管沟土(石)方工程量应按设计图示尺寸以长度计算。有管沟设计时，平均深度以沟垫层底表面标高至交付施工场地标高计算；无管沟设计时，直埋管深度应按管底外表面标高至交付施工场地标高的平均高度计算。

(7)设计要求采用减震孔方式减弱爆破震动波时，应按A.1.2中预裂爆破项目编码列项。

(8)湿土的划分应按地质资料提供的地下常水位为界，地下常水位以下为湿土。

(9)挖方出现流砂、淤泥时，可根据实际情况由发包人与承包人双方认证。

A.2　桩与地基基础工程

A.2.1　混凝土桩。工程量清单项目设置及工程量计算规则，应按表A.2.1的规定执行。

表A. 2. 1　混凝土桩(编码: 010201)

项目编码	项目名称	项目特征	计量单位	工程量计算规则	工程内容
010201001	预制钢筋混凝土桩	1. 土壤级别 2. 单桩长度、根数 3. 桩截面 4. 板桩面积 5. 管桩填充材料种类 6. 桩倾斜度 7. 混凝土强度等级 8. 防护材料种类	m/根	按设计图示尺寸以桩长(包括桩尖)或根数计算	1. 桩制作、运输 2. 打桩、试验桩、斜桩 3. 送桩 4. 管桩填充材料、刷防护材料 5. 清理、运输
010201002	接桩	1. 桩截面 2. 接头长度 3. 接桩材料	个/m	按设计图示规定以接头数量(板桩按接头长度)计算	1. 桩制作、运输 2. 接桩、材料运输
010201003	混凝土灌注桩	1. 土壤级别 2. 单桩长度、根数 2. 桩截面 3. 成孔方法 4. 混凝土强度等级	m/根	按设计图示尺寸以桩长(包括桩尖)或根数计算	1. 成孔、固壁 2. 混凝土制作、运输、灌注、振捣、养护 3. 泥浆池及沟槽砌筑、拆除 4. 泥浆制作、运输 5. 清理、运输

A. 2. 2　其他桩。工程量清单项目设置及工程量计算规则，应按表 A. 2. 2 的规定执行。

表A. 2. 2　其他桩(编码：010202)

项目编码	项目名称	项目特征	计量单位	工程量计算规则	工程内容
010202001	砂石灌注桩	1. 土壤级别 2. 桩长 3. 桩截面 4. 成孔方法 5. 砂石级配	m	按设计图示尺寸以桩长(包括桩尖)计算	1. 成孔 2. 砂石运输 3. 填充 4. 振实
010202002	灰土挤密桩	1. 土壤级别 2. 桩长 3. 桩截面 4. 成孔方法 5. 灰土级配			1. 成孔 2. 灰土拌和、运输 3. 填充 4. 夯实
010202003	旋喷桩	1. 桩长 2. 桩截面 3. 水泥强度等级			1. 成孔 2. 水泥浆制作、运输 3. 水泥浆旋喷
010202004	喷粉桩	1. 桩长 2. 桩截面 3. 粉体种类 4. 水泥强度等级 5. 石灰粉要求			1. 成孔 2. 粉体运输 3. 喷粉固化

A. 2. 3　地基与边坡处理。工程量清单项目设置及工程量计算规则，应按表 A. 2. 3 的规定执行。

表A. 2. 3　地基与边坡处理(编码：010203)

项目编码	项目名称	项目特征	计量单位	工程量计算规则	工程内容
010203001	地下边疆墙	1. 墙体厚度 2. 成倍深度 3. 混凝土强度等级	m^3	按设计图示墙中心线长乘以厚度乘以槽深以体积计算	1. 挖土成槽、余土运输 2. 导墙制作、安装 3. 锁口管吊拔 4. 浇注混凝土连续墙 5. 材料运输
010203002	振冲灌注碎石	1. 振冲深度 2. 成孔直径 3. 碎石级配		按设计图示孔深乘以孔截面积以体积计算	1. 成孔 2. 碎石运输 3. 灌注、振实

（续）

项目编码	项目名称	项目特征	计量单位	工程量计算规则	工程内容
010203003	地基强夯	1. 夯击能量 2. 夯击遍数 3. 地耐力要求 4. 夯填材料种类		按设计图示尺寸以面积计算	1. 铺夯填材料 2. 强夯 3. 夯填材料运输
010203004	锚杆支护	1. 锚扎直径 2. 锚孔平均深度 3. 锚固方法、浆液种类 4. 支护厚度、材料种类 5. 混凝土强度等 6. 砂浆强度等级	m^2	按设计图示尺寸以支护面积计算	1. 钻孔 2. 浆液制作、运输、压浆 3. 张拉锚固 4. 混凝土制作、运输、喷射、养护 5. 砂浆制作、运输、喷射、养护
010203005	土钉支护	1. 支护厚度、材料种类 2. 混凝土强度等级 3. 砂浆强度等级			1. 钉土钉 2. 挂网 3. 混凝土制作、运输、喷射、养护 4. 砂浆制作、运输、喷射、养护

A. 2. 4　其他相关问题应按下列规定处理：

(1)土壤级别按表 A. 2. 4 确定。

表A. 2. 4　土质鉴别表

内容		土壤级别	
		一级土	二级土
砂夹层	砂层连续厚度	<1m	>1m
	砂层中卵石含量	—	<15%
物理性能	压缩系数	>0.02	<0.02
	孔隙比	>0.7	<0.7
力学性能	静力触探值	<15	>50
	动力触探系数	<12	>12

（续）

内容	土壤级别	
	一级土	二级土
每米纯沉桩时间平均值	<2min	>2min
说明	桩经外力作用较易沉入的土，土壤中夹有较薄的砂层	桩经外力作用较难沉入的土，土壤中夹有不超过3m的连续厚度砂层

(2)混凝土灌注桩的钢筋笼、地下连续墙的钢筋网制作、安装，应按A.4中相关项目编码列项。

A.3 砌筑工程

A.3.1 砖基础。工程量清单项目设置及工程量计算规则，应按表A.3.1的规定执行。

表A.3.1 砖基础(编码：010301)

项目编码	项目名称	项目特征	计量单位	工程量计算规则	工程内容
010301001	砖基础	1. 砖品种、规格、强度等级 2. 基础类型 3. 基础深度 4. 砂浆强度等级	m^3	按设计图示尺寸以体积计算。包括附墙垛基础宽出部分体积，扣除地梁(圈梁)、构造柱所占体积，不扣除基础大放脚T形接头处的重叠部分及嵌入基础内的钢筋、铁件、管道、基础砂浆防潮层和单个面积0.3m^2以内的孔洞所占体积，靠墙暖气沟的挑檐不增加。基础长度：外墙按中心线，内墙按净长线计算	1. 砂浆制作、运输 2. 砌砖 3. 防潮层铺设 4. 材料运输

A.3.2 砖砌体。工程量清单项目设置及工程量计算规则，应按表A.3.2的规定执行。

表 A. 3. 2　砖砌体(编码:010302)

项目编码	项目名称	项目特征	计量单位	工程量计算规则	工程内容
010302001	实心砖墙	1. 砖品种、规格、强度等级 2. 墙体类型 3. 墙体厚度 4. 墙体高度 5. 勾缝要求 6. 砂浆强度等级、配合比	m^3	按设计图示尺寸以体积计算。扣除门窗洞口、过人洞、空圈、嵌入墙内的钢筋混凝土柱、梁、圈梁、挑梁、过梁及凹进墙内的壁龛、管槽、暖气槽、消火栓箱所占体积。不扣除梁头、板头、檩头、垫木、木楞头、沿缘木、木砖、门窗走头、砖墙内加固钢筋、木筋、铁件、钢管及单个面积 $0.3m^2$ 以内的孔洞所占体积。凸出墙面的腰线、挑檐、压顶、窗台线、虎头砖、门窗套的体积亦不增加。凸出墙面的砖垛并入墙体体积内计算 1. 墙长度:外墙按中心线,内墙按净长计算; 2. 墙高度: (1)外墙:斜(坡)屋面无檐口天棚者算至屋面板底;有屋架且室内外均有天棚者算至屋架下弦底另加200mm;无天棚者算至屋架下弦底另加300mm,出檐宽度超过600mm时按实砌高度计算;平屋面算至钢筋混凝土板底	1. 砂浆制作、运输 2. 砌砖 3. 勾缝 4. 砖压顶砌筑 5. 材料运输

（续）

项目编码	项目名称	项目特征	计量单位	工程量计算规则	工程内容
010302001	实习砖墙			(2)内墙:位于屋架下弦者,算至屋架下弦底;无屋架者算至天棚底另加100mm;有钢筋混凝土 楼板隔层者算至楼板顶;有框架 梁时算至梁底 (3)女儿墙:从屋面板上表面算至女儿墙顶面(如有混凝土压顶 时算至压顶下表面) (4)内、外山墙:按其平均高度计算 3. 围墙:高度算至压顶上表面 (如有混凝土压顶时算至压顶下表面),围墙柱并入围墙体积内	
010302002	空斗墙	1. 砖品种、规格、强度等级 2. 墙体类型 3. 墙体厚度 4. 勾缝要求 5. 砂浆强度等级、配 合比	m^3	按设计图示尺寸以空斗墙外形体积计算,墙角、内外墙交接处、门窗洞口立边、窗台砖、屋檐处的实砌部分体积并入空斗墙体积内	1. 砂浆制作、运 输 2. 砌砖 3. 装填充料 4. 勾缝 5. 材料运输

（续）

项目编码	项目名称	项目特征	计量单位	工程量计算规则	工程内容
010302003	空花墙	1. 砖品种、规格、强度等级 2. 墙体类型 3. 墙体厚度 4. 勾缝要求 5. 砂浆强度等级	m^3	按设计图示尺寸以空花部分外形体积计算，不扣除空洞部分体 积	1. 砂浆制作、运输 2. 砌砖 3. 勾缝 4. 材料运输
010302004	填充墙	1. 砖品种、规格、强度等级 2. 墙体厚度 3. 填充材料种类 4. 勾缝要求 5. 砂浆强度等级		按设计图示尺寸以填充墙外形体积计算	
010302005	实心砖柱	1. 砖品种、规格、强度等级 2. 柱类型 3. 柱截面 4. 柱高 5. 勾缝要求 6. 砂浆强度等级、配合比		按设计图示尺寸以体积计算。扣除混凝土及钢筋混凝土梁垫、梁头、板头所占体积	
010302006	零星砌砖	1. 零星砌砖名称、部位 2. 勾缝要求 3. 砂浆强度等级、配合比	m^3（m^2、m、个）		

A. 3. 3 砖构筑物。工程量清单项目设置及工程量计算规则，应按表 A. 3. 3 的规定执行。

表 A. 3. 3 砖构筑物(编码：010303)

<table>
<tr><th>项目编码</th><th>项目名称</th><th>项目特征</th><th>计量单位</th><th>工程量计算规则</th><th>工程内容</th></tr>
<tr><td>010303001</td><td>砖烟囱、水塔</td><td>1. 筒身高度
2. 砖品种、规格、强度等级
3. 耐火砖品种、规格
4. 耐火泥品种
5. 隔热材料种类
6. 勾缝要求
7. 砂浆强度等级、配合比</td><td rowspan="2">m^3</td><td>按设计图示筒壁平均中心线周长乘以厚度乘以高度以体积计算。扣除各种孔洞、钢筋混凝土圈梁、过梁等的体积</td><td rowspan="2">1. 砂浆制作、运输
2. 砌砖
3. 涂隔热层
4. 装填充料
5. 砌内衬
6. 勾缝
7. 材料运输</td></tr>
<tr><td>010303002</td><td>砖烟道</td><td>1. 烟道截面形状、长度
2. 砖品种、规格、强度等级
3. 耐火砖品种规格
4. 耐火泥品种
5. 勾缝要求
6. 砂浆强度等级、配合比</td><td>按图示尺寸以体积计算</td></tr>
<tr><td>010303003</td><td>砖窨井、检查井</td><td>1. 井截面
2. 垫层材料种类、厚度
3. 底板厚度
4. 勾缝要求
5. 混凝土强度等级
6. 砂浆强度等级、配合比
7. 防潮层材料种类</td><td rowspan="2">座</td><td rowspan="2">按设计图示数量计算</td><td rowspan="2">1. 土方挖运
2. 砂浆制作、运输
3. 铺设垫层
4. 底板混凝土制作、运输、浇筑、振捣、养护
5. 砌砖
6. 勾缝
7. 井池底、壁抹灰
8. 抹防潮层
9. 回填
10. 材料运输</td></tr>
<tr><td>010303004</td><td>砖水池、化粪池</td><td>1. 池截面
2. 垫层材料种类、厚度
3. 底板厚度
4. 勾缝要求
5. 混凝土强度等级
6. 砂浆强度等级、配合比</td></tr>
</table>

A. 3. 4 砌块砌体。工程量清单项目设置及工程量计算规则，应按表 A. 3. 4 的规定执行。

表 A. 3. 4 砌块砌体(编码:010304)

项目编码	项目名称	项目特征	计量单位	工程量计算规则	工程内容
010304001	空心砖墙、砌块墙	1. 墙体类型 2. 墙体厚度 3. 空心砖、砌块品种、规格、强度等级 4. 勾缝要求 5. 砂浆强度等级、配合比		按设计图示尺寸以体积计算。扣除门窗洞口、过人洞、空圈、嵌入墙内的钢筋混凝土柱、梁、圈梁、挑梁、过梁及凹进墙内的壁龛、管槽、暖气槽、消火栓箱所占体积,不扣除梁头、板头、檩头、垫木、木楞头、沿缘木、木砖、门窗走头、砖墙内加固钢筋、木筋、铁件、钢管及单个面积 0.3m^2 以内的孔洞所占体积,凸出墙面的腰线、挑檐、压顶、窗台线、虎头砖、门窗套的体积不增加,凸出墙面的砖垛并入墙体体积内 1. 墙长度:外墙按中心线,内墙按净长计算 2. 墙高度: (1)外墙:斜(坡)屋面无檐口天棚者算至屋面板底;有屋架且室内外均有天棚者算至屋架下弦底另加 200mm;无天棚者算至屋架下弦底另加 300mm,出檐宽度超过 600mm 时按实砌高度计算;平屋面算至钢筋混凝土板底 (2)内墙:位于屋架下弦者,算至屋架下弦底;无屋架者算至天棚底另加 100mm;有钢筋混凝土楼板隔层者算至楼板顶;有框架梁时算至梁底 (3)女儿墙:从屋面板上表面算至女儿墙顶面(如有压顶时算至压顶下表面) (4)内、外山墙:按其平均高度计算	

（续）

项目编码	项目名称	项目特征	计量单位	工程量计算规则	工程内容
				3. 围墙：高度算至压顶上表面（如有混凝土压顶时算至压顶下表面），围墙柱并入围墙体积内	
010304002	空心砖柱、砌块柱	1. 墙体类型 2. 墙体厚度 3. 空心砖、砌块品种、规格、强度等级 4. 勾缝要求 5. 砂浆强度等级、配合比	m^3	按设计图示尺寸以体积计算。扣除混凝土及钢筋混凝土梁垫、梁头、板头所占体积	1. 砂浆制作、运输 2. 砌砖、砌块 3. 勾缝 4. 材料运输

A. 3. 5　石砌体。工程量清单项目设置及工程量计算规则，应按表 A. 3. 5 的规定执行。

表A.3.5 石砌体(编码:010305)

项目编码	项目名称	项目特征	计量单位	工程量计算规则	工程内容
010305001	石基础	1. 石料种类、规格 2. 基础深度 3. 基础类型 4. 砂浆强度等级、配合比	m^3	按设计图示尺寸以体积计算。包括附墙垛基础宽出部分体积,不扣除基础砂浆防潮层及单个面积 $0.3m^2$ 以内的孔洞所占体积,靠墙暖气沟的挑檐不增加体积。基础长度:外墙按中心线,内墙按净长计算	1. 砂浆制作、运输 2. 砌石 3. 防潮层铺设 4. 材料运输
010305002	石勒脚	1. 石料种类、规格 2. 石表面加工要求 3. 勾缝要求 4. 砂浆强度等级、配合比		按设计图示尺寸以体积计算。扣除单个 $0.3m^2$ 以外的孔洞所占的体积	
010305003	石墙	1. 石料种类、规格 2. 墙厚 3. 石表面加工要求 4. 勾缝要求 5. 砂浆强度等级、配合比		按设计图示尺寸以体积计算。扣除门窗洞口、过人洞、空圈、嵌入墙内的钢筋混凝土柱、梁、圈梁、挑梁、过梁及凹进墙内的壁龛、管槽、暖气槽、消火栓箱所占体积,不扣除梁头、板头、檩头、垫木、木楞头、沿缘木、木砖、门窗走头、砖墙内加固钢筋、木筋、铁件、钢管及单个面积 $0.3m^2$ 以内的孔洞所占体积,凸出墙面的腰线、挑檐、压顶、窗台线、虎头砖、门窗套不增加体积,凸出墙面的砖垛并入墙体体积内 1. 墙长主:外墙按中心线,内墙按净长计算 2. 墙高度:	1. 砂浆制作、运输 2. 砌石 3. 石表面加工 4. 勾缝 5. 材料运输

（续）

项目编码	项目名称	项目特征	计量单位	工程量计算规则	工程内容
010305003	石墙			（1）外墙：斜（坡）屋面无檐口天棚者算至屋面板底；有屋架且室内外均有天棚者算至屋架下弦底另加200mm；无天棚者算至屋架下弦底另加300mm，出檐宽度超过600mm时按实砌高度计算；平屋面算至钢筋混凝土板底 （2）内墙：位于屋架下弦者，算至屋架下弦底；无屋架者算至天棚底另加100mm；有钢筋混凝土楼板隔层者算至楼板顶；有框架梁时算至梁底 （3）女儿墙：从屋面板上表面算至女儿墙顶面（如有压顶时算至压顶下表面） （4）内、外山墙：按其平均高度计算 3. 围墙：高度算至压顶上表面（如有混凝土压顶时算至压顶下表面），围墙柱、砖压顶并入围墙体积内	
010305004	石挡土墙	1. 石料种类、规格 2. 墙厚 3. 石表面加工要求 4. 勾缝要求 5. 砂浆强度等级、配合比	m^3	按设计图示尺寸以体积计算	1. 砂浆制作、运输 2. 砌石 3. 压顶抹灰 4. 勾缝 5. 材料运输

（续）

项目编码	项目名称	项目特征	计量单位	工程量计算规则	工程内容
010305005	石柱	1. 石料种类、规格 2. 柱截面 3. 石表面加工要求 4. 勾缝要求 5. 砂浆强度等级、配合比	m^3	按设计图示尺寸以体积计算	1. 砂浆制作、运输 2. 砌石 3. 石表面加工 4. 勾缝 5. 材料运输
010305006	石栏杆		m	按设计图示以长度计算	
010305007	石护坡	1. 垫层材料种类、厚度 2. 石料种类、规格 3. 护坡厚度、高度 4. 石表面加工要求 5. 勾缝要求 6. 砂浆强度等级、配合比	m^3	按设计图示尺寸以体积计算	
010305008	石台阶				1. 铺设垫层 2. 石料加工 3. 砂浆制作、运输 4. 砌石 5. 石表面加工 6. 勾缝 7. 材料运输
010305009	石坡道		m^2	按设计图示尺寸以水平投影面积计算	
010305010	石地沟、石明沟	1. 沟截面尺寸 2. 垫层种类、厚度 3. 石料种类、规格 4. 石表面加工要求 5. 勾缝要求 6. 砂浆强度等级、配合比	m	按设计图示以中心线长度计算	1. 土石挖运 2. 砂浆制作、运输 3. 铺设垫层 4. 砌石 5. 石表面加工 6. 勾缝 7. 回填 8. 材料运输

A. 3. 6 砖散水、地坪、地沟。工程量清单项目设置及工程量计算规则，应按表 A. 3. 6 的规定执行。

表 A. 3. 6 砖散水、地坪、地沟（编码：010306）

项目编码	项目名称	项目特征	计量单位	工程量计算规则	工程内容
010306001	砖散水、地坪	1. 垫层材料种类、厚度 2. 散水、地坪厚度 3. 面层种类、厚度 4. 砂浆强度等级、配合比	m^2	按设计图示尺寸以面积计算	1. 地基找平、夯实 2. 铺设垫层 3. 砌砖散水、地坪 4. 抹砂浆面层
010306002	砖地沟、明沟	1. 沟截面尺寸 2. 垫层材料种类、厚度 3. 混凝土强度等级 4. 砂浆强度等级、配合比	m	按设计图示以中心线长度计算	1. 挖运土石 2. 铺设垫层 3. 底板混凝土制作、运输、浇筑、振捣、养护 4. 砌砖 5. 勾缝、抹灰 6. 材料运输

A. 3. 7 其他相关问题应按下列规定处理：

（1）基础垫层包括在基础项目内。

（2）标准砖尺寸应为 240mm × 115mm × 53mm。标准砖墙厚度应按表 A. 3. 7 计算：

表 A. 3. 7 标准墙计算厚度

砖数（厚度）	$\frac{1}{4}$	$\frac{1}{2}$	$\frac{3}{4}$	1	$1\frac{1}{2}$	2	$2\frac{1}{2}$	3
计算厚度（mm）	53	115	180	240	365	490	615	740

（3）砖基础与砖墙（身）划分应以设计室内地坪为界（有地下室的按地下室室内设计地坪为界），以下为基础，以上为墙（柱）身。基础与墙身使用不同材料，位于设计室内地坪 ±300mm 以内时以不同材料为界，超过 ±300mm，应以设计室内地坪为界。砖围墙应以设计室外

地坪为界，以下为基础，以上为墙身。

(4)框架外表面的镶贴砖部分，应单独按 A.3.2 中相关零星项目编码列项。

(5)附墙烟囱、通风道、垃圾道，应按设计图示尺寸以体积(扣除孔洞所占体积)计算，并入所依附的墙体体积内。当设计规定孔洞内需抹灰时，应按 B.2 中相关项目编码列项。

(6)空斗墙的窗间墙、窗台下、楼板下等的实砌部分，应按 A.3.2 中零星砌砖项目编码列项。

(7)台阶、台阶挡墙、梯带、锅台、炉灶、蹲台、池槽、池槽腿、花台、花池、楼梯栏板、阳台栏板、地垄墙、屋面隔热板下的砖墩、0.3m^2孔洞填塞等，应按零星砌砖项目编码列项。砖砌锅台与炉灶可按外形尺寸以个计算，砖砌台阶可按水平投影面积以平方米计算，小便槽、地垄墙可按长度计算，其他工程量按立方米计算。

(8)砖烟囱应按设计室外地坪为界，以下为基础，以上为筒身。

(9)砖烟囱体积分段计算。

(10)砖烟道与炉体的划分应按第一道闸门为界。

(11)水塔基础与塔身划分应以砖砌体的扩大部分顶面为界，以上为塔身，以下为基础。

(12)石基础、石勒脚、石墙身的划分：基础与勒脚应以设计室外地坪为界，勒脚与墙身应以设计室内地坪为界。石围墙内外地坪标高不同时，应以较低地坪标高为界，以下为基础；内外标高之差为挡土墙时，挡土墙以上为墙身。

(13)石梯带工程量应计算在石台阶工程量内。

(14)石梯膀应按 A.3.5 石挡土墙项目编码列项。

(15)砌体内加筋的制作、安装，应按 A.4 相关项目编码列项。

A.4 混凝土及钢筋混凝土工程

A.4.1 现浇混凝土基础。工程量清单项目设置及工程量计算规则，应按表 A.4.1 的规定执行。

表A.4.1　现浇混凝土基础(编码:010401)

项目编码	项目名称	项目特征	计量单位	工程量计算规则	工程内容
010401001	带形基础	1. 混凝土强度等级 2. 混凝土拌和料要求 3. 砂浆强度等级	m^3	按设计图示尺寸以体积计算。不扣除构件内钢筋、预埋铁件和伸入承台基础的桩头所占体积	1. 铺设垫层 2. 混凝土制作、运输、浇筑、振捣、养护 3. 地脚螺栓二次灌浆
010401002	独立基础				
010401003	满堂基础				
010401004	设备基础				
010401005	桩承台基础				
010401006	垫层				

A.4.2 现浇混凝土柱。工程量清单项目设置及工程量计算规则，应按表A.4.2的规定执行。

表A.4.2　现浇混凝土柱(编码:010402)

项目编码	项目名称	项目特征	计量单位	工程量计算规则	工程内容
010402001	矩形柱	1. 柱高度 2. 柱截面尺寸 3. 混凝土强度等级 4. 混凝土拌和料要求	m^3	按设计图示尺寸以体积计算。不扣除构件内钢筋、预埋铁件所占体积。 柱高：1. 有梁板的柱高，应自柱基上表面(或楼板上表面)至上一层楼板上表面之间的高度计算。2. 无梁板的柱高，应自柱基上表面(或楼板上表面)至柱帽下表面之间的高度计算。3. 框架柱的柱高，应自柱基上表面至柱顶高度计算。4. 构造柱按全高计算，嵌接墙体部分并入柱身体积 5. 依附柱上的牛腿和升板的柱帽并入柱身体积计算。	混凝土制作、运输、浇筑、振捣、养护
010402002	异形柱				

A.4.3 现浇混凝土梁。工程量清单项目设置及工程量计算规则，应按表A.4.3的规定执行。

表A.4.3　现浇混凝土梁(编码: 010403)

项目编码	项目名称	项目特征	计量单位	工程量计算规则	工程内容
010403001	基础梁	1. 梁底标高 2. 梁截面 3. 混凝土强度等级 4. 混凝土拌和料要求	m^3	按设计图示尺寸以体积计算。不扣除构件内钢筋、预埋铁件所占体积，伸入墙内的梁头、梁垫并入梁体积内 梁长: 1. 梁与柱连接时，梁长算至柱侧面 2. 主梁与次梁连接时，次梁长算至主梁侧面	混凝土制作、运输、浇筑、振捣、养护
010403002	矩形梁				
010403003	异形梁				
010403004	圈梁				
010403005	过梁				
010403006	弧形、拱形梁				

A.4.4 现浇混凝土墙。工程量清单项目设置及工程量计算规则，应按表 A.4.4 的规定执行。

表A.4.4　现浇混凝土墙(编码: 010404)

项目编码	项目名称	项目特征	计量单位	工程量计算规则	工程内容
010404001	直形墙	1. 墙类型 2. 墙厚度 3. 混凝土强度等级 4. 混凝土拌和料要求	m^3	按设计图示尺寸以体积计算。不扣除构件内钢筋、预埋铁件所占体积，扣除门窗洞口及单个面积 $0.3m^2$ 以外的孔洞所占体积，墙垛及凸出墙面部分并入墙体体积计算	混凝土制作、运输、浇筑、振捣、养护
010404002	弧形墙				

A.4.5 现浇混凝土板。工程量清单项目设置及工程量计算规则，应按表 A.4.5 的规定执行。

表A.4.5 现浇混凝土板(编码: 010405)

项目编码	项目名称	项目特征	计量单位	工程量计算规则	工程内容
010405001	有梁板	1. 板底标高 2. 板厚度 3. 混凝土强度等级 4. 混凝土拌和料要求	m^3	按设计图示尺寸以体积计算。不扣除构件内钢筋、预埋铁件及单个面积0.3m以内的孔洞所占体积。有梁板(包括主、次梁与板)按梁、板体积之和计算,无梁板按板和柱帽体积之和计算,各类板伸入墙内的板头并入板体积内计算,薄壳板的肋、基梁并入薄壳体积内计算	混凝土制作、运输、浇筑、振捣、养护
010405002	无梁板				
010405003	平板				
010405004	拱板				
010405005	薄壳板				
010405006	栏板				
010405007	天沟、挑檐板	1. 混凝土强度等级 2. 混凝土拌和料要求		按设计图示尺寸以体积计算	
010405008	雨篷、阳台板			按设计图示尺寸以墙外部分体积计算。包括伸出墙外的牛腿和雨篷反挑檐的体积	
010405009	其他板			按设计图示尺寸以体积计算	

A.4.6 现浇混凝土楼梯。工程量清单项目设置及工程量计算规则,应按表A.4.6的规定执行。

表A.4.6 现浇混凝土楼梯(编码: 010406)

项目编码	项目名称	项目特征	计量单位	工程量计算规则	工程内容
010406001	直形楼梯	1. 混凝土强度等级 2. 混凝土拌和料要求	m^3	按设计图示尺寸以水平投影面积计算。不扣除宽度小于500mm的楼梯井,伸入墙内部分不计算。	混凝土制作、运输、浇筑、振捣、养护。
010406002	弧形楼梯				

A.4.7 现浇混凝土其他构件。工程量清单项目设置及工程量计算规则,应按表A.4.7的规定执行。

表A. 4. 7 现浇混凝土其他构件(编码: 010407)

项目编码	项目名称	项目特征	计量单位	工程量计算规则	工程内容
010407001	其他构件	1. 构件的类型 2. 构件规格 3. 混凝土强度等级 4. 混凝土拌和要求	m^3(m^2、m)	按设计图示尺寸以体积计算。不扣除构件内钢筋、预埋铁件所占体积	混凝土制作、运输、浇筑、振捣、养护
010407002	散水、坡道	1. 垫层材料种类、厚度 2. 面层厚度 3. 混凝土强度等级 4. 混凝土拌和料要求 5. 填塞材料种类	m^2	按设计图示尺寸以面积计算。不扣除单个 $0.3m^2$ 以内的孔洞所占面积	1. 地基夯实 2. 铺设垫层 3. 混凝土制作、运输、浇筑、振捣、养护 4. 变形缝填塞
010407003	电缆沟、地沟	1. 沟截面 2. 垫层材料种类、厚度 3. 混凝土强度等级 4. 混凝土拌和料要求 5. 防护材料种类	m	按设计图示以中心线长度计算	1. 挖运土石 2. 铺设垫层 3. 混凝土制作、运输、浇筑、振捣、养护 4. 刷防护材料

A. 4. 8 后浇带。工程量清单项目设置及工程量计算规则，应按表A. 4. 8 的规定执行。

表A. 4. 8 后浇带(编码: 010408)

项目编码	项目名称	项目特征	计量单位	工程量计算规则	工程内容
010408001	浇带	1. 部位 2. 混凝土强度等级 3. 混凝土拌和料要求	m^3	按设计图示尺寸以体积计算	混凝土制作、运输、浇筑、振捣、养护

A. 4. 9 工程量清单项目设置及工程量计算规则，应按表 A. 4. 9 的规定执行。

表A.4.9 工程量清单项目设置及工程量计算规则(编码：010409)

项目编码	项目名称	项目特征	计量单位	工程量计算规则	工程内容
010409001	矩形柱	1. 柱类型 2. 单件体积 3. 安装高度 4. 混凝土强度等级 5. 砂浆强度等级	m^3(根)	1. 按设计图示尺寸以体积计算。不扣除构件内钢筋、预埋铁件所占体积 2. 按设计图示尺寸以“数量”计算	1. 混凝土制作、运输、浇筑、振捣、养护 2. 构件制作、运输 3. 构件安装 4. 砂浆制作、运输 5. 接头灌缝、养护
010409002	异形柱				

A.4.10 预制混凝土梁。工程量清单项目设置及工程量计算规则，应按表A.4.10的规定执行。

表A.4.10 预制混凝土梁(编码：010410)

项目编码	项目名称	项目特征	计量单位	工程量计算规则	工程内容
010410001	矩形梁	1. 单件体积 2. 安装高度 3. 混凝土强度等级 4. 砂浆强度等级	m^3(根)	按设计图示尺寸以体积计算。不扣除构件内钢筋、预埋铁件所占体积	1. 混凝土制作、运输、浇筑、振捣、养护 2. 构件制作、运输 3. 构件安装 4. 砂浆制作、运输 5. 接头灌缝、养护
010410002	异形梁				
010410003	过梁				
010410004	拱形梁				
010410005	鱼腹式吊车梁				
010410006	风道梁				

A.4.11 预制混凝土屋架。工程量清单项目设置及工程量计算规则，应按表A.4.11的规定执行。

表A.4.11 预制混凝土屋架(编码：010411)

项目编码	项目名称	项目特征	计量单位	工程量计算规则	工程内容
010411001	折线型屋架	1. 屋架的类型、跨度 2. 单件体积 3. 安装高度 4. 混凝土强度等级 5. 砂浆强度等级	m^3(榀)	按设计图示尺寸以体积计算。不扣除构件内钢筋、预埋铁件所占体积	1. 混凝土制作、运输、浇筑、振捣、养护 2. 构件制作、运输 3. 构件安装 4. 砂浆制作、运输 5. 接头灌缝、养护
010411002	组合屋架				
010411003	薄腹屋架				
010411004	门式刚架屋架				
010411005	天窗架屋架				

A. 4. 12 预制混凝土板。工程量清单项目设置及工程量计算规则，应按表 A. 4. 12 的规定执行。

A. 4. 12 预制混凝土板(编码：010412)

项目编码	项目名称	项目特征	计量单位	工程量计算规则	工程内容
010412001	平板	1. 构件尺寸 2. 安装高度 3. 混凝土强度等级 4. 砂浆强度等级	m^3(块)	按设计图示尺寸以体积计算。不扣除构件内钢筋、预埋铁件及单个尺寸 300mm × 300mm 以内的孔洞所占体积，扣除空心板空洞体积	1. 混凝土制作、运输、浇筑、振捣、养护 2. 构件制作、运输 3. 构件安装 4. 升板提升 5. 砂浆制作、运输 6. 接头灌缝、养护
010412002	空心板				
010412003	槽形板				
010412004	网架板				
010412005	折线板				
010412006	带肋板				
010412007	大型板				
010412008	沟盖板、井盖板、井圈	1. 构件尺寸 2. 安装高度 3. 混凝土强度等级 4. 砂浆强度等级	m^3(块、套)	按设计图示尺寸以体积计算。不扣除构件内钢筋、预埋铁件所占体积	1. 混凝土制作、运输、浇筑、振捣、养护 2. 构件制作、运输 3. 构件安装 4. 砂浆制作、运输 5. 接头灌缝、养护

A. 4. 13 预制混凝土楼梯。工程量清单项目设置及工程量计算规则，应按表 A. 4. 13 的规定执行。

A. 4. 13 预制混凝土楼梯(编码：010413)

项目编码	项目名称	项目特征	计量单位	工程量计算规则	工程内容
010413001	楼梯	1. 楼梯类型 2. 单件体积 3. 混凝土强度等级 4. 砂浆强度等级	m^3	按设计图示尺寸以体积计算。不扣除构件内钢筋、预埋铁件所占体积，扣除空心踏步板空洞体积	1. 混凝土制作、运输、浇筑、振捣、养护 2. 构件制作、运输 3. 构件安装 4. 砂浆制作、运输 5. 接头灌缝、养护

A. 4. 14 其他预制构件。工程量清单项目设置及工程量计算规则，应按表 A. 4. 14 的规定执行。

表A.4.14　其他预制构件（编码：010414）

<table>
<tr><th>项目编码</th><th>项目名称</th><th>项目特征</th><th>计量单位</th><th>工程量计算规则</th><th>工程内容</th></tr>
<tr><td>010414001</td><td>烟道、垃圾道、通风道</td><td>1. 构件类型
2. 单件体积
3. 安装高度
4. 混凝土强度等级
5. 砂浆强度等级</td><td rowspan="3">m^3</td><td rowspan="3">按设计图示尺寸以体积计算。不扣除构件内钢筋、预埋铁件及单个尺寸300mm×300mm以内的孔洞所占体积，扣除烟道、垃圾道、通风道的孔洞所占体积</td><td rowspan="3">1. 混凝土制作、运输、浇筑、振捣、养护
2.（水磨石）构件制作、运输
3. 构件安装
4. 砂浆制作、运输
5. 接头灌缝、养护
6. 酸洗、打蜡</td></tr>
<tr><td>010414002</td><td>其他构件</td><td rowspan="2">1. 构件的类型
2. 单件体积
3. 水磨石面层厚度
4. 安装高度
5. 混凝土强度等级
6. 水泥石子浆配合比
7. 石子品种、规格、颜色
8. 酸洗、打蜡要求</td></tr>
<tr><td>010414003</td><td>水磨石构件</td></tr>
</table>

A.4.15　混凝土构筑物。工程量清单项目设置及工程量计算规则，应按表A.4.15的规定执行。

表A.4.15　混凝土构筑物（编码：010415）

<table>
<tr><th>项目编码</th><th>项目名称</th><th>项目特征</th><th>计量单位</th><th>工程量计算规则</th><th>工程内容</th></tr>
<tr><td>010415001</td><td>贮水（油）池</td><td>1. 池类型
2. 池规格
3. 混凝土强度等级
4. 混凝土拌和料要求</td><td rowspan="4">m^3</td><td rowspan="4">按设计图示尺寸以体积计算。不扣除构件内钢筋、预埋铁件及单个面积 $0.3m^2$ 以内的孔洞所占体积</td><td rowspan="2">混凝土制作、运输、浇筑、振捣、养护</td></tr>
<tr><td>010415002</td><td>贮仓</td><td>1. 类型、高度
2. 混凝土强度等级
3. 混凝土拌和料要求</td></tr>
<tr><td>010415003</td><td>水塔</td><td>1. 类型
2. 支筒高度、水箱容积
3. 倒圆锥形罐壳厚度、直径
4. 混凝土强度等级
5. 混凝土拌和料要求
6. 砂浆强度等级</td><td>1. 混凝土制作、运输、浇筑、振捣、养护
2. 预制倒圆锥形罐壳、组装、提升、就位
3. 砂浆制作、运输
4. 接头灌缝、养护</td></tr>
<tr><td>010415004</td><td>烟囱</td><td>1. 高度
2. 混凝土强度等级
3. 混凝土拌和料要求</td><td>混凝土制作、运输、浇筑、振捣、养护</td></tr>
</table>

A. 4. 16　钢筋工程。工程量清单项目设置及工程量计算规则，应按表 A. 4. 16 的规定执行。

表 A. 4. 16　钢筋工程（编码：010416）

项目编码	项目名称	项目特征	计量单位	工程量计算规则	工程内容
010416001	现浇混凝土钢筋	钢筋种类、规格	t	按设计图示钢筋（网）长度（面积）乘以单位理论质量计算	1. 钢筋（网、笼）制作、运输 2. 钢筋（网、笼）安装
010416002	预制构件钢筋				
010416003	钢筋网片				
010416004	钢筋笼				
010416005	先张法预应力钢筋	1. 钢筋种类、规格 2. 锚具种类		按设计图示钢筋长度乘以单位理论质量计算	1. 钢筋制作、运输 2. 钢筋张拉
010416006	后张法预应力钢筋	1. 钢筋种类、规格 2. 钢丝束种类、规格		按设计图示钢筋（丝束、绞线）长度乘以单位理论质量计算。 1. 低合金钢筋两端均采用螺杆锚具时，钢筋长度按孔道长度减 0. 35m 计算，螺杆另行计算 2. 低合金钢筋一端采用镦头插片、另一端采用螺杆锚具时，钢筋长度按孔道长度计算，螺杆另行计算	
010416007	预应力钢丝				

（续）

项目编码	项目名称	项目特征	计量单位	工程量计算规则	工程内容
010416008	预应力钢绞线	3. 钢绞线种类、规格 4. 锚具种类 5. 砂浆强度等级	t	3. 低合金钢筋一端采用镦头插片，另一端采用帮条锚具时，钢筋增加 0. 15m 计算；两端均采用帮条锚具时，钢筋长度按孔道长度增加 0. 3m 计算 4. 低合金钢筋采用后张混凝土自锚时，钢筋长度按孔道长度增加 0. 35m 计算 5. 低合金钢筋（钢铰线）采用 JM、XM、QM 型锚具，孔道长度在 20m 以内时，钢筋长度增加 1m 计算；孔道长度 20m 以外时，钢筋（钢 铰线）长度按、孔道长度增加 1. 8m 计算 6. 碳素钢丝采用锥形锚具，孔道长度在 20m 以内时，钢丝束长度按孔道长度增加 1m 计算；孔道长在 20m 以上时，钢丝束长度按孔道长度增加 1. 8m 计算 7. 碳素钢丝束采用镦头锚具时，钢丝束长度按孔道长度增加 0. 35m 计算	1. 钢筋、钢丝束、钢绞线制作、运输 2. 钢筋、钢丝束、钢绞线安装 3. 预埋管孔道铺设 4. 锚具安装 5. 砂浆制作、运输 6. 孔道压浆、养护

A. 4. 17　螺栓、铁件。工程量清单项目设置及工程量计算规则，应按表 A. 4. 17 的规定执行。

表A. 4. 17　螺栓、铁件(编码：010417)

项目编码	项目名称	项目特征	计量单位	工程量计算规则	工程内容
010417001	螺栓	1. 钢材种类、规格 2. 螺栓长度 3. 铁件尺寸	t	按设计图示尺寸以质量计算	1. 螺栓(铁件)制作、运输 2. 螺栓(铁件)安装
010417002	预埋铁件				

A. 4. 18 其他相关问题应按下列规定处理：

(1)混凝土垫层包括在基础项目内。

(2)有肋带形基础、无肋带形基础应分别编码(第五级编码)列项，并注明肋高。

(3)箱式满堂基础，可按 A. 4. 1、A. 4. 2、A. 4. 3、A. 4. 4、A. 4. 5 中满堂基础、柱、梁、墙、板分别编码列项；也可利用 A. 4. 1 的第五级编码分别列项。

(4)框架式设备基础，可按 A. 4. 1、A. 4. 2、A. 4. 3、A. 4. 4、A. 4. 5 中设备基础、柱、梁、墙、板分别编码列项；也可利用 A. 4. 1 的第五级编码分别列项。

(5)构造柱应按 A. 4. 2 中矩形柱项目编码列项。

(6)现浇挑檐、天沟板、雨篷、阳台与板(包括屋面板、楼板)连接时，以外墙外边线为分界线；与圈梁(包括其他梁)连接时，以梁外边线为分界线。外边线以外为挑檐、天沟、雨篷或阳台。

(7)整体楼梯(包括直形楼梯、弧形楼梯)水平投影面积包括休息平台、平台梁、斜梁和楼梯的连接梁。当整体楼梯与现浇楼板无梯梁连接时，以楼梯的最后一个踏步边缘加 300mm 为界。

(8)现浇混凝土小型池槽、压顶、扶手、垫块、台阶、门框等，应按 A. 4. 7 中其他构件项目编码列项。其中扶手、压顶(包括伸入墙内的长度)应按延长米计算，台阶应按水平投影面积计算。

(9)三角形屋架应按 A. 4. 11 中折线型屋架项目编码列项。

(10)不带肋的预制遮阳板、雨篷板、挑檐板、栏板等，应按

A. 4. 12 中平板项目编码列项。

(11)预制 F 形板、双 T 形板、单肋板和带反挑檐的雨篷板、挑檐板、遮阳板等，应按 A. 4. 12 中带肋板项目编码列项。

(12)预制大型墙板、大型楼板、大型屋面板等，应按 A. 4. 12 中大型板项目编码列项。

(13)预制钢筋混凝土楼梯，可按斜梁、踏步分别编码(第五级编码)列项。

(14)预制钢筋混凝土小型池槽、压顶、扶手、垫块、隔热板、花格等，应按 A. 4. 14 中其他构件项目编码列项。

(15)贮水(油)池的池底、池壁、池盖可分别编码(第五级编码)列项。有壁基梁的，应以壁基梁底为界，以上为池壁、以下为池底；无壁基梁的，锥形坡底应算至其上口，池壁下部的“八”字靴脚应并入池底体积内。无梁池盖的柱高应从池底上表面算至池盖下表面，柱帽和柱座应并在柱体积内。肋形池盖应包括主、次梁体积；球形池盖应以池壁顶面为界，边侧梁应并入球形池盖体积内。

(16)贮仓立壁和贮仓漏斗可分别编码(第五级编码)列项，应以相互交点水平线为界，壁上圈梁应并入漏斗体积内。

(17)滑模筒仓按 A. 4. 15 中贮仓项目编码列项。

(18)水塔基础、塔身、水箱可分别编码(第五级编码)列项。筒式塔身应以筒座上表面或基础底板上表面为界；柱式(框架式)塔身应以柱脚与基础底板或梁顶为界，与基础板连接的梁应并入基础体积内。塔身与水箱应以箱底相连接的圈梁下表面为界，以上为水箱，以下为塔身。依附于塔身的过梁、雨篷、挑檐等，应并入塔身体积内；柱式塔身应不分柱、梁合并计算。依附于水箱壁的柱、梁，应并入水箱壁体积内。

(19)现浇构件中固定位置的支撑钢筋、双层钢筋用的“铁马”、伸出构件的锚固钢筋、预制构件的吊钩等，应并入钢筋工程量内。

A. 5　厂库房大门、特种门、本结构工程

A. 5. 1 厂库房大门、特种门。工程量清单项目设置及工程量计算规则，应按表 A. 5. 1 的规定执行。

表A. 5. 1 厂库房大门、特种门(编码: 010501)

项目编码	项目名称	项目特征	计量单位	工程量计算规则	工程内容
010501001	木板大门	1. 开启方式 2. 有框、无框 3. 含门扇数 4. 材料品种、规格 5. 五金种类、规格 6. 防护材料种类 7. 涂料品种、刷漆遍数	樘/m^2	按设计图示数量计算或设计图示洞口尺寸以面积计算	1. 门(骨架)制作、运输 2. 门、五金配件安装 3. 刷防护材料、涂料
010501002	钢木大门				
010501003	全钢板大门				
010501004	特种门				
010501005	围墙铁丝门				

A. 5. 2 木屋架。工程量清单项目设置及工程量计算规则，应按表 A. 5. 2 的规定执行。

表A. 5. 2 木屋架(编码: 010502)

项目编码	项目名称	项目特征	计量单位	工程量计算规则	工程内容
010502001	木屋架	1. 跨度 2. 安装高度 3. 材料品种、规格 4. 刨光要求 5. 防护材料种类 6. 涂料品种、刷漆遍数	榀	按设计图示数量计算	1. 制作、运输 2. 安装 3. 刷防护材料、涂料
010502002	钢木屋架				

A. 5. 3 木构件。工程量清单项目设置及工程量计算规则，应按表 A. 5. 3 的规定执行。

表A. 5. 3 木构件(编码: 010503)

项目编码	项目名称	项目特征	计量单位	工程量计算规则	工程内容
010503001	木柱	1. 构件高度、长度 2. 构件截面 3. 木材种类 4. 刨光要求 5. 防护材料种类 6. 涂料品种、刷漆遍数	m^3	按设计图示尺寸以体积计算	
010503002					

（续）

项目编码	项目名称	项目特征	计量单位	工程量计算规则	工程内容
010503003	木楼梯	1. 木材种类 2. 刨光要求 3. 防护材料种类 4. 涂料品种、刷漆遍数	m^2	按设计图示尺寸以水平投影面积计算。不扣除宽度小于300mm的楼梯井，伸入墙内部分不计算	1. 制作 2. 运输 3. 安装 4. 刷防护材料、涂料
010503004	其他木构件	1. 构件名称 2. 构件截面 3. 木材种类 4. 刨光要求 5. 防护材料种类 6. 涂料品种、刷漆遍数	m^3（m）	按设计图示尺寸以体积或长度计算	

A. 5. 4 其他相关问题应按下列规定处理：

(1)冷藏门、冷冻间门、保温门、变电室门、隔音门、防射线门、人防门、金库门等，应按 A. 5. 1 中特种门项目编码列项。

(2)屋架的跨度应以上、下弦中心线两交点之间的距离计算。

(3)带气楼的屋架和马尾、折角以及正交部分的半屋架，应按相关屋架项目编码列项。

(4)木楼梯的栏杆(栏板)、扶手，应按 B. 1. 7 中相关项目编码列项。

A. 6 金属结构工程

A. 6. 1 钢屋架、钢网架。工程量清单项目设置及工程量计算规则，应按表 A. 6. 1 的规定执行。

表A. 6. 1 钢屋架、钢网架(编码：010601)

项目编码	项目名称	项目特征	计量单位	工程量计算规则	工程内容
010601001	钢屋架	1. 钢材品种、规格 2. 单榀屋架的重量 3. 屋架跨度、安装高度 4. 探伤要求 5. 涂料品种、刷漆遍数	t(榀)	按设计图示尺寸以质量计算。不扣除孔眼、切边、切肢的质量，	1. 制作 2. 运输

（续）

项目编码	项目名称	项目特征	计量单位	工程量计算规则	工程内容
010601002	钢网架	1. 钢材品种、规格 2. 网架节点形式、连接方式 3. 网架跨度、安装高度 4. 探伤要求 5. 涂料品种、刷漆遍数		焊条、铆钉、螺栓等不另增加质量，不规则或多边形钢板以其外接矩形面积乘以厚度乘以单位理论质量计算	3. 拼装 4. 安装 5. 探伤 6. 刷涂料

A. 6. 2 钢托架、钢桁架。工程量清单项目设置及工程量计算规则，应按表 A. 6. 2 的规定执行。

表A. 6. 2　钢托架、钢桁架（编码：010602）

项目编码	项目名称	项目特征	计量单位	工程量计算规则	工程内容
010602001	钢托架	1. 钢材品种、规格 2. 单榀重量 3. 安装高度 4. 探伤要求 5. 涂料品种、刷漆遍数	t	按设计图示尺寸以质量计算。不扣除孔眼、切边、切肢的质量，焊条、铆钉、螺栓等不另增加质量，不规则或多边形钢板，以其外接矩形面积乘以厚度乘以单位理论质量计算	1. 制作 2. 运输 3. 拼装 4. 安装 5. 探伤 6. 刷涂料
010602002	钢桁架				

A. 6. 3　钢柱。工程量清单项目设置及工程量计算规则，应按表 A. 6. 3 的规定执行。

表A. 6. 3　钢柱（编码：010603）

项目编码	项目名称	项目特征	计量单位	工程量计算规则	工程内容
010603001	实腹柱	1. 钢材品种、规格 2. 单根柱重量 3. 探伤要求 4. 涂料品种、刷漆遍数	t	按设计图示尺寸以质量计算。不扣除孔眼、切边、切肢的质量，焊条、铆钉、螺栓等不另增加质量，不规则或多边形钢板，以其外接矩形面积乘以厚度乘以单位理论质量计算，依附在钢柱上的牛腿及悬臂梁等并入钢柱工程量内	1. 制作 2. 运输 3. 拼装 4. 安装 5. 探伤 6. 刷涂料
010603002	空腹柱				

（续）

项目编码	项目名称	项目特征	计量单位	工程量计算规则	工程内容
010603003	钢管柱	1. 钢材品种、规格 2. 单根柱重量 3. 探伤要求 4. 涂料种类、刷漆遍数	t	按设计图示尺寸以质量计算。不扣除孔眼、切边、切肢的质量，焊条、铆钉、螺栓等不另增加质量，不规则或多边形钢板，以其外接矩形面积乘以厚度乘以单位理论质量计算，钢管柱上的节点板、加强环衬和内衬管、牛腿等并入钢管柱工程量内	1. 制作 2. 运输 3. 安装 4. 探伤 5. 刷涂料

A. 6. 4　钢梁。工程量清单项目设置及工程量计算规则，应按表 A. 6. 4 的规定执行。

表A. 6. 4　钢梁(编码：010604)

项目编码	项目名称	项目特征	计量单位	工程量计算规则	工程内容
010604001	钢梁	1. 钢材品种、规格 2. 单根重量 3. 安装高度 4. 探伤要求 5. 涂料品种、刷漆遍数	t	按设计图示尺寸以质量计算。不扣除孔眼、切边、切肢的质量，焊条、铆钉、螺栓等不另增加质量，不规则或多边形钢板，以其外接矩形面积乘以厚度乘以单位理论质量计算，制动梁、制动板、制动桁架、车档并入钢吊车梁工程量内	1. 制作 2. 运输 3. 安装 4. 探伤要求 5. 刷涂料
010604002	钢吊车梁				

A. 6. 5　压型钢板楼板、墙板。工程量清单项目设置及工程量计算规则，应按表 A. 6. 5 的规定执行。

表A. 6. 5 压型钢板楼板、墙板(编码: 010605)

项目编码	项目名称	项目特征	计量单位	工程量计算规则	工程内容
010605001	压型钢板楼板	1. 钢材品种、规格 2. 压型钢板厚度 3. 涂料品种、刷漆遍数	m^2	按设计图示尺寸以铺设水平投影面积计算。不扣除柱、垛及单个 $0.3m^2$ 以内的孔洞所占面积	1. 制作 2. 运输 3. 安装 4. 刷涂料
010605002	压型钢板墙板	1. 钢材品种、规格 2. 压型钢板厚度、复合板厚度 3. 复合板夹芯材料种类、层数、型号、规格		按设计图示尺寸以铺挂面积计算。不扣除单个 $0.3m^2$ 以内的孔洞所占面积，包角、包边、窗台泛水等不另增加面积	

A. 6. 6 钢构件。工程量清单项目设置及工程量计算规则，应按表 A. 6. 6 的规定执行。

表A. 6. 6 钢构件(编码: 010606)

项目编码	项目名称	项目特征	计量单位	工程量计算规则	工程内容
010606001	钢支撑	1. 钢材品种、规格 2. 单式、复式 3. 支撑高度 4. 探伤要求 5. 涂料品种、刷漆遍数	t	按设计图示尺寸以质量计算。不扣除孔眼、切边、切肢的质量，焊条、铆钉、螺栓等不另增加质量，	
010606002	钢檩条	1. 钢材品种、规格 2. 型钢式、格构式 3. 单根重量 4. 安装高度 5. 涂料品种、刷漆遍数			
010606003	钢天窗架	1. 钢材品种、规格 2. 单榀重量 3. 安装高度 4. 探伤要求 5. 涂料品种、刷漆遍数			

（续）

项目编码	项目名称	项目特征	计量单位	工程量计算规则	工程内容
010606004	钢挡风架	1. 钢材品种、规格 2. 单榀重量 3. 探伤要求 4. 涂料品种、刷漆遍数	t	不规则或多边形钢板以其外接矩形面积乘以厚度乘以单位理论质量计算	1. 制作 2. 运输 3. 安装 4. 探伤 5. 刷涂料
010606005	钢墙架				
010606006	钢平台	1. 钢材品种、规格 2. 涂料品种、刷漆遍数			
010606007	钢走道				
010606008	钢梯	1. 钢材品种、规格 2. 钢梯形式 3. 涂料品种、刷漆遍数			
010606009	钢栏杆	1. 钢材品种、规格 2. 涂料品种、刷漆遍数			
010606010	钢漏斗	1. 钢材品种、规格 2. 方形、圆形 3. 安装高度 4. 探伤要求 5. 涂料品种、刷漆遍数		按设计图示尺寸以重量计算。不扣除扎眼、切边、切肢的质量，焊条、铆钉、螺栓等不另增加质量，不规则或多边形钢板以其外接矩形面积乘以厚度乘以单位理论质量计算，依附漏斗的型钢并入漏斗工程量内	
010606011	钢支架	1. 钢材品种、规格 2. 单件重量 3. 涂料品种、刷漆遍数		按设计图示尺寸以质量计算。不扣除孔眼、切边、切肢的质量，焊条、铆钉、螺栓等不另增加质量，不规则或多边形钢板以其外接矩形面积乘以厚度乘以单位理论质量计算	
010606012	零星钢构件	1. 钢材品种、规格 2. 构件名称 3. 涂料品种、刷漆遍数			

A. 6. 7　金属网。工程量清单项目设置及工程量计算规则，应按表 A. 6. 7 的规定执行。

表A. 6. 7　金属网（编码：010607）

项目编码	项目名称	项目特征	计量单位	工程量计算规则	工程内容
010607001	金属网	1. 材料品种、规格 2. 边框及立柱型钢品种、规格 3. 涂料品种、刷漆遍数	m^2	按设计图示尺寸以面积计算	1. 制作 2. 运输 3. 安装 4. 刷涂料

A. 6. 8　其他相关问题应按下列规定处理：

(1)型钢混凝土柱、梁浇筑混凝土和压型钢板楼板上浇筑钢筋混凝土，混凝土和钢筋应按　A. 4 中相关项目编码列项。

(2)钢墙架项目包括墙架柱、墙架梁和连接杆件。

(3)加工铁件等小型构件，应按 A. 6. 6 中零星钢构件项目编码列项。

A. 7　屋面及防水工程

A. 7. 1　瓦、型材屋面。工程量清单项目设置及工程量计算规则，应按表 A. 7. 1 的规定执行。

表A. 7. 1　瓦、型材屋面（编蚂：010701）

项目编码	项目名称	项目特征	计量单位	工程量计算规则	工程内容
010701001	瓦屋面	1. 瓦品种、规格、品牌、颜色 2. 防水材料种类 3. 基层材料种类 4. 楔条种类、截面 5. 防护材料种类	m^2	按设计图示尺寸以斜面积计算。不扣除房上烟囱、风帽底座、风道、小气窗、斜沟等所占面积，小气窗的出檐部分不增加面积	1. 檩条、椽子安装 2. 基层铺设 3. 铺防水层 4. 安顺水条和挂瓦条 5. 安瓦 6. 刷防护材料
010701002	型材屋面	1. 型材品种、规格、品牌、颜色 2. 骨架材料品种、规格 3. 接缝、嵌缝材料种类			1. 骨架制作、运输、安装 2. 屋面型材安装 3. 接缝、嵌缝

（续）

项目编码	项目名称	项目特征	计量单位	工程量计算规则	工程内容
010701003	膜结构屋面	1. 膜布品种、规格、颜色 2. 支柱（网架）钢材品种、规格 3. 钢丝绳品种、规格 4. 涂料品种、刷漆遍数	m^2	按设计图示尺寸以需要覆盖的水平面积计算	1. 膜布热压胶接 2. 支柱（网架）制作、安装 3. 膜布安装 4. 穿钢丝绳、锚头锚固 5. 刷涂料

A. 7. 2　屋面防水。工程量清单项目设置及工程量计算规则，应按表 A. 7. 2 的规定执行。

表A. 7. 2　屋面防水（编码：010702）

项目编码	项目名称	项目特征	计量单位	工程量计算规则	工程内容
010702001	屋面卷材防水	1. 卷材品种、规格 2. 防水层做法 3. 嵌缝材料种类 4. 防护材料种类	m^2	按设计图示尺寸以面积计算 1. 斜屋顶（不包括平屋顶找坡）按斜面积计算，平屋顶按水平投影面积计算 2. 不扣除房上烟囱、风帽底座、风道、屋面小气窗和斜沟所占面积 3. 屋面的女儿墙、伸缩缝和天窗等处的弯起部分，并入屋面工程量内	1. 基层处理 2. 抹找平层 3. 刷底油 4. 铺油毡卷材、接缝、嵌缝 5. 铺保护层
010702002	屋面涂膜防水	1. 防水膜品种 2. 涂膜厚度、遍数、增强材料种类 3. 嵌缝材料种类 4. 防护材料种类			1. 基层处理 2. 抹找平层 3. 涂防水膜 4. 铺保护层
010702003	屋面刚性防水	1. 防水层厚度 2. 嵌缝材料种类 3. 混凝土强度等级		按设计图示尺寸以面积计算。不扣除房上烟囱、风帽底座、风道等所占面积	1. 基层处理 2. 混凝土制作、运输、铺筑、养护

（续）

项目编码	项目名称	项目特征	计量单位	工程量计算规则	工程内容
010702004	屋面排水管	1. 排水管品种、规格、品牌、颜色 2. 接缝、嵌缝材料种类 3. 涂料品种、刷漆遍数	m	按设计图示尺寸以长度计算。如设计未标注尺寸，以檐口至设计室外散水上表面垂直距离计算	1. 排水管及配件安装、固定 2. 雨水斗、雨水箅子安装 3. 接缝、嵌缝
010702005	屋面天沟沿沟	1. 材料品种 2. 砂浆配合比 3. 宽度、坡度 4. 接缝、嵌缝材料种类 5. 防护材料种类	m^2	按设计图示尺寸以面积计算。铁皮和卷材天沟按展开面积计算	1. 砂浆制作、运输 2. 砂浆找坡、养护 3. 天沟材料铺设 4. 天沟配件安装 5. 接缝、嵌缝 6. 刷防护材料

A. 7. 3 墙、地面防水、防潮。工程量清单项目设置及工程量计算规则，应按表 A. 7. 3 的规定执行。

表A. 7. 3　墙、地面防水、防潮（编码：010703）

项目编码	项目名称	项目特征	计量单位	工程内容	
010703001	卷材防水	1. 卷材、涂膜品种 2. 涂膜厚度、遍数、增强材料种类 3. 防水部位 4. 防水做法 5. 接缝、嵌缝材料种类 6. 防护材料种类	m^2	按设计图示尺寸以面积计算 1. 地面防水：按主墙间净空面积计算，扣除凸出地面的构筑物、设备基础等所占面积，不扣除间壁墙及单个 0. 3m^2 以内的柱、垛、烟囱和孔洞所占面积 2. 墙基防水：外墙按中心线，内墙按净长乘以宽度计算	1. 基层处理 2. 抹找平层 3. 刷黏结剂 4. 铺防水卷材 5. 铺保护层 6. 接缝、嵌缝
010703002	涂膜防水				1. 基层处理 2. 抹找平层 3. 刷基层处理剂 4. 铺涂膜防水层 5. 铺保护层

（续）

项目编码	项目名称	项目特征	计量单位	工程量计算规则	工程内容
010703003	砂浆防水（潮）	1. 防水（潮）部位 2. 防水（潮）厚度、层数 3. 砂浆配合比 4. 外加剂材料种类	m^2		1. 基层处理 2. 挂钢丝网片 3. 设置分格缝 4. 砂浆制作、运输、摊铺、养护
010703004	变形缝	1. 变形缝部位 2. 嵌缝材料种类 3. 止水带材料种类 4. 盖板材料 5. 防护材料种类	m	按设计图示以长度计算	1. 清缝 2. 填塞防水材料 3. 止水带安装 4. 盖板制作 5. 刷防护材料

A. 7. 4 其他相关问题应按下列规定处理：

（1）小青瓦、水泥平瓦、琉璃瓦等，应按 A. 7. 1 中瓦屋面项目编码列项。

（2）压型钢板、阳光板、玻璃钢等，应按 A. 7. 1 中型材屋面编码列项。

A. 8 防腐、隔热、保温工程

A. 8. 1 防腐面层。工程量清单项目设置及工程量计算规则，应按表 A. 8. 1 的规定执行。

表A. 8. 1 防腐面层（编码：010801）

项目编码	项目名称	项目特征	计量单位	工程量计算规则	工程内容
010801001	防腐混凝土面层	1. 防腐部位 2. 面层厚度 3. 砂浆、混凝土、胶泥种类	m^2	按设计图示尺寸以面积计算 1. 平面防腐：扣除凸出地面的构筑物、设备基础等所占面积	1. 基层清理 2. 基层刷稀胶泥 3. 砂浆制作、运输、摊铺、养护 4. 混凝土制作、运输、摊铺、养护
010801002	防腐砂浆面层				
010801003	防腐胶泥面层				1. 基层清理 2. 胶泥调制、摊铺

（续）

项目编码	项目名称	项目特征	计量单位	工程量计算规则	工程内容
010801004	玻璃钢防腐面层	1. 防腐部位 2. 玻璃钢种类 3. 贴布层数 4. 面层材料品种		2. 立面防腐：砖垛等突出部分按展开面积并入墙面积内	1. 基层清理 2. 刷底漆、刮腻子 3. 胶浆配制、涂刷 4. 粘布、涂刷面层
010801005	聚氯乙烯板面层	1. 防腐部位 2. 面层材料品种 3. 黏结材料种类	m^2	按设计图示尺寸以面积计算 1. 平面防腐：扣除凸出地面的构筑物、设备基础等所占面积 2. 立面防腐：砖垛等凸出部分按展开面积并入墙面积内 3. 踢脚板防腐：扣除门洞所占面积并相应增加门洞侧壁面积	1. 基层清理 2. 配料、涂胶 3. 聚氯乙烯板铺设 4. 铺贴踢脚板
010801006	块料防腐面层	1. 防腐部位 2. 块料品种、规格 3. 黏结材料种类 4. 勾缝材料种类			1. 基层清理 2. 砌块料 3. 胶泥调制、勾缝

A. 8. 2 其他防腐。工程量清单项目设置及工程量计算规则，应按表 A. 8. 2 的规定执行。

表A. 8. 2　其他防腐(编码：010802)

项目编码	项目名称	项目特征	计量单位	工程量计算规则	工程内容
010802001	隔离层	1. 隔离层部位 2. 隔离层材料品种 3. 隔离层做法 4. 粘贴材料种类	m^2	按设计图示尺寸以面积计算 1. 平面防腐：扣除凸出地面的构筑物、设备基础等所占面积 2. 立面防腐：砖垛等凸出部分按展开面积并入墙面积内	1. 基层清理、刷油 2. 煮沥青 3. 胶泥调制 4. 隔离层铺设

（续）

项目编码	项目名称	项目特征	计量单位	工程量计算规则	工程内容
010802002	砌筑沥青浸渍砖	1. 砌筑部位 2. 浸渍砖规格 3. 浸渍砖砌法（平砌、立砌）	m^3	按设计图示尺寸以体积计算	1. 基层清理 2. 胶泥调制 3. 浸渍砖铺砌
010802003	防腐涂料	1. 涂刷部位 2. 基层材料类型 3. 涂料品种、刷涂遍数	m^2	按设计图示尺寸以面积计算 1. 平面防腐：扣除凸出地面的构筑物、设备基础等所占面积 2. 立面防腐：砖垛等凸出部分按展开面积并入墙面积内	1. 基层清理 2. 刷涂料

A. 8. 3　隔热、保温。工程量清单项目设置及工程量计算规则，应按表 A. 8. 3 的规定执行。

表A. 8. 3　隔热、保温（编码：010803）

<table>
<tr><th>项目编码</th><th>项目名称</th><th>项目特征</th><th>计量单位</th><th>工程量计算规则</th><th>工程内容</th></tr>
<tr><td>010803001</td><td>保温隔热屋面</td><td rowspan="5">1. 保温隔热部位
2. 保温隔热方式（内保温、外保温、夹心保温）
3. 踢脚线、勒脚线保温做法
4. 保温隔热面层材料品种、规格、性能
5. 保温隔热材料品种、规格
6. 隔气层厚度
7. 黏结材料种类
8. 防护材料种类</td><td rowspan="5">m^2</td><td rowspan="2">按设计图示尺寸以面积计算。不扣除柱、垛所占面积</td><td rowspan="2">1. 基层清理
2. 铺粘保温层
3. 刷防护材料</td></tr>
<tr><td>010803002</td><td>保温隔热天棚</td></tr>
<tr><td>010803003</td><td>保温隔热墙</td><td>按设计图示尺寸以面积计算。扣除门窗洞口所占面积；门窗洞口侧壁需做保温时，并入保温墙体工程量内</td><td rowspan="2">1. 基层清理
2. 底层抹灰
3. 粘贴龙骨
4. 填贴保温材料
5. 粘贴面层
6. 嵌缝
7. 刷防护材料</td></tr>
<tr><td>010803004</td><td>保温柱</td><td>按设计图示以保温层中心线展开长度乘以保温层高度计算</td></tr>
<tr><td>010803005</td><td>隔热楼地面</td><td>按设计图示尺寸以面积计算。不扣除柱、垛所占面积</td><td>1. 基层清理
2. 铺设粘贴材料
3. 铺贴保温层
4. 刷防护材料</td></tr>
</table>

A. 8. 4 其他相关问题应按下列规定处理：

(1)保温隔热墙的装饰面层，应按 B. 2 中相关项目编码列项。

(2)柱帽保温隔热应并入天棚保温隔热工程量内。

(3)池槽保温隔热，池壁、池底应分别编码列项，池壁应并入墙面保温隔热工程量内，池底应并入地面保温隔热工程量内。

4.3.2 装饰装修工程

B. 1 楼地面工程

B. 1. 1 整体面层。工程量清单项目设置及工程量计算规则，应按表 B. 1. 1 的规定执行。

表B. 1. 1 整体面层(编码：020101)

项目编码	项目名称	项目特征	计量单位	工程量计算规则	工程内容
020101001	水泥砂浆楼地面	1. 找平层厚度、砂浆配合比 2. 防水层厚度、材料种类 3. 面层厚度、砂浆配合比	m^2	按设计图示尺寸以面积计算。扣除凸出地面构筑物、设备基础、室内铁道、地沟等所占面积，不扣除柱、垛、间壁墙、附墙烟囱及 $0.3m^2$ 以内的孔洞所占面积，门洞、空圈、暖气包槽、壁龛的开口部分不增加面积	1. 基层清理 2. 防水层铺设 3. 砂浆制作、运输 4. 抹找平层 5. 抹面层
020101002	现浇水磨石楼地面	1. 找平层厚度、砂浆配合比 2. 防水层厚度、材料种类 3. 面层厚度、水泥石子浆配合比 4. 嵌条材料种类、规格 5. 石子种类、规格、颜色 6. 颜料种类、颜色 7. 图案要求 8. 磨光、酸洗、打蜡要求			1. 基层清理 2. 防水层铺设 3. 砂浆制作、运输 4. 抹找平层 5. 嵌缝条安装 6. 面层铺设 7. 磨光、酸洗打蜡

（续）

项目编码	项目名称	项目特征	计量单位	工程量计算规则	工程内容
020101003	细石混凝土楼地面	1. 找平层厚度、砂浆配合比 2. 防水层厚度、材料种类 3. 面层厚度、混凝土强度等级	m^2	按设计图示尺寸以面积计算。扣除凸出地面构筑物、设备基础、室内铁道、地沟等所占面积，不扣除柱、垛、间壁墙、附墙烟囱及 $0.3m^2$ 以内的孔洞所占面积，门洞、空圈、暖气包槽、壁龛的开口部分不增加面积	1. 基层清理 2. 防水层铺设 3. 砂浆制作、运输 4. 抹找平层 5. 面层铺设
020101004	菱苦土楼地面	1. 找平层厚度、砂浆配合比 2. 防水层厚度、材料种类 3. 面层厚度 4. 打蜡要求			1. 清理基层 2. 砂浆制作、运输 3. 抹找平层 4. 防水层铺设 5. 面层铺设 6. 打蜡

B. 1. 2 块料面层。工程量清单项目设置及工程量计算规则，应按表 B. 1. 2 的规定执行。

表B. 1. 2　块料面层(编码：020102)

项目编码	项目名称	项目特征	计量单位	工程量计算规则	工程内容
020102001	石材楼地面	1. 找平层厚度、砂浆配合比 2. 防水层厚度、材料种类 3. 结合层厚度、砂浆配合比 4. 面层材料品种、规格、品牌、颜色 5. 嵌缝材料种类 6. 防护层材料种类 7. 酸洗、打蜡要求	m^2	按设计图示尺寸以面积计算。门洞、空圈、暖气包槽、壁龛的开口部分并入相应的工程量内	1. 基层清理、抹找平层 2. 防水层铺设 3. 砂浆制作、运输 4. 抹找平层 5. 面层铺设 6. 嵌缝 7. 刷防护材料 8. 酸洗、打蜡
020102002	块料楼地面				

B. 1. 3 橡塑面层。工程量清单项目设置及工程量计算规则，应按表 B. 1. 3 的规定执行。

表B. 1. 3　橡塑面层(编码: 020103)

项目编码	项目名称	项目特征	计量单位	工程量计算规则	工程内容
020103001	橡胶板楼地面	1. 找平层厚度、砂浆配合比 2. 黏结层厚度、材料种类 3. 面层材料品种、规格、品牌、颜色 4. 压线条种类	m^2	按设计图示尺寸以面积计算。门洞、空圈、暖气包槽、壁龛的开口部分并入相应的工程量内	1. 基层清理 2. 砂浆制作、运输 3. 抹找平层 4. 面层铺贴 5. 压缝条装钉
020103002	橡胶卷材楼地面				
020103003	塑料板楼地面				
020103004	塑料卷材楼地面				

B. 1. 4 其他材料面层。工程量清单项目设置及工程量计算规则，应按表 B. 1. 4 的规定执行。

表B. 1. 4　其他材料面层(编码: 020104)

项目编码	项目名称	项目特征	计量单位	工程量计算规则	工程内容
020104001	楼地面地毯	1. 基层种类 2. 找平层厚度、砂浆配合比 3. 面层材料品种、规格、品牌、颜色 4. 防护材料种类 5. 黏结材料种类 6. 压线条种类	m^2	按设计图示尺寸以面积计算。门洞、空圈、暖气包槽、壁龛的开口部分并入相应的工程量内	1. 基层清理 2. 砂浆制作、运输 3. 抹找平层 4. 铺贴面层 5. 刷防护材料 6. 装钉压条
020104002	竹木地板	1. 找平层厚度、砂浆配合比 2. 龙骨材料种类、规格、铺设间距 3. 基层材料种类、规格 4. 面层材料品种、规格、品牌、颜色 5. 黏结材料种类 6. 防护材料种类 7. 涂料品种、刷漆遍数			1. 基层清理 2. 砂浆制作、运输 3. 抹找平层 4. 龙骨铺设 5. 基层铺设 6. 面层铺贴 7. 刷防护材料

（续）

项目编码	项目名称	项目特征	计量单位	工程量计算规则	工程内容
020104003	防静电活动地板	1. 找平层厚度、砂浆配合比 2. 支架高度、材料种类 3. 面层材料品种、规格、品牌、颜色 4. 防护材料种类	m^2	按设计图示尺寸以面积计算。门洞、空圈、暖气包槽、壁龛的开口部分并入相应的工程量内	1. 清理基层 2. 砂浆制作、运输 3. 抹找平层 4. 固定支架安装 5. 活动面层安装 6. 刷防护材料
020104004	金属复合地板	1. 找平层厚度、砂浆配合比 2. 龙骨材料种类、规格、铺设间距 3. 基层材料种类、规格 4. 面层材料品种、规格、品牌 5. 防护材料种类			1. 基层清理 2. 砂浆制作、运输 3. 抹找平层 4. 龙骨铺设 5. 基层铺设 6. 面层铺贴 7. 刷防护材料

B. 1. 5 踢脚线。工程量清单项目设置及工程量计算规则，应按表 B. 1. 5 的规定执行。

表B. 1. 5　踢脚线(编码：020105)

项目编码	项目名称	项目特征	计量单位	工程量计算规则	工程内容
020105001	水泥砂浆踢脚线	1. 踢脚线高度 2. 底层厚度、砂浆配合比 3. 面层厚度、砂浆配合比	m^2	按设计图示长度乘高度以面积计算	1. 基层清理 2. 砂浆制作、运输 3. 底层抹灰 4. 面层铺贴 5. 勾缝 6. 磨光、酸洗、打蜡 7. 刷防护材料
020105002	石材踢脚线	1. 踢脚线高度 2. 底层厚度、砂浆配合比 3. 粘贴层厚度、材料种类 4. 面层材料品种、规格、品牌、颜色 5. 勾缝材料种类 6. 防护材料种类			
020105003	块料踢脚线				

（续）

项目编码	项目名称	项目特征	计量单位	工程量计算规则	工程内容
020105004	现浇水磨石踢脚线	1. 踢脚线高度 2. 底层厚度、砂浆配合比 3. 面层厚度、水泥石子浆配合比 4. 石子种类、规格、颜色 5. 颜料种类、颜色 6. 磨光、酸洗、打蜡要求			
020105005	塑料板踢脚线	1. 踢脚线高度 2. 底层厚度、砂浆配合比 3. 黏结层厚度、材料种类 4. 面层材料种类、规格、品牌、颜色			
020105006	木质踢脚线	1. 踢脚线高度 2. 底层厚度、砂浆配合比 3. 基层材料种类、规格 4. 面层材料品种、规格、品牌、颜色 5. 防护材料种类 6. 涂料品种、刷漆遍数	m^2	按设计图示长度乘高度以面积计算	1. 基层清理 2. 砂浆制作、运输 3. 底层抹灰 4. 基层铺贴 5. 面层铺贴 6. 刷防护材料、涂料
020105007	金属踢脚线				
020105008	防静电踢脚线				

B. 1. 6 楼梯装饰。工程量清单项目设置及工程量计算规则，应按表 B. 1. 6 的规定执行。

表B. 1. 6　楼梯装饰(编码：020106）

项目编码	项目名称	项目特征	计量单位	工程量计算规则	工程内容
020106001	石材楼梯面层	1. 找平层厚度、砂浆配合比 2. 贴结层厚度、材料种类 3. 面层材料品种、规格、品牌、颜色		按设计图示尺寸以楼梯（包括踏步、休息平台及500mm 以内的楼梯井）水平投影面积计算	1. 基层清理 2. 砂浆制作、运输 3. 抹找平层。

（续）

项目编码	项目名称	项目特征	计量单位	工程量计算规则	工程内容
020106002	块料楼梯面层	4. 防滑条材料种类、规格 5. 勾缝材料种类 6. 防护层材料种类 7. 酸洗、打蜡要求	m^2	楼梯与楼地面相连时，算至梯口梁内侧边沿；无梯口梁者，算至最上一层踏步边沿加300mm	4. 面层铺贴 5. 贴嵌防滑条 6. 勾缝 7. 刷防护材料 8. 酸洗、打蜡
020106003	水泥砂浆楼梯面	1. 找平层厚度、砂浆配合比 2. 面层厚度、砂浆配合比 3. 防滑条材料种类、规格	m^2	按设计图示尺寸以楼梯（包括踏步、休息平台及500mm以内的楼梯井）水平投影面积计算。楼梯与楼地面相连时，算至梯口梁内侧边沿；无梯口梁者，算至最上一层踏步边沿加300mm	1. 砂浆制作、运输 2. 基层抹灰 3. 抹面层 4. 抹防滑条
020106004	现浇水磨石楼梯面	1. 找平层厚度、砂浆配合比 2. 面层厚度、水泥石子浆配合比 3. 防滑条材料种类、规格 4. 石子种类、规格、颜色 5. 颜料种类、颜色 6. 磨光、酸洗打蜡要求			1. 基层清理 2. 砂浆制作、运输 3. 抹找平层 4. 抹面层 5. 贴嵌防滑条 6. 磨光、酸洗、打蜡
020106005	地毯楼梯面	1. 基层种类 2. 找平层厚度、砂浆配合比 3. 面层材料品种、规格、品牌、颜色 4. 防护材料种类 5. 黏结材料种类 6. 固定配件材料种类、规格			1. 基层清理 2. 砂浆制作、运输 3. 抹找平层 4. 铺贴面层 5. 固定配件安装 6. 刷防护材料

（续）

项目编码	项目名称	项目特征	计量单位	工程量计算规则	工程内容
020106006	木板楼梯面	1. 找平层厚度、砂浆配合比 2. 基层材料种类、规格 3. 面层材料品种、规格、品牌、颜色 4. 黏结材料种类 5. 防护材料种类 6. 涂料品种、刷漆遍数			1. 基层清理 2. 砂浆制作、运输 3. 抹找平层 4. 基层铺贴 5. 面层铺贴 6. 刷防护材料、涂料

B. 1. 7 扶手、栏杆、栏板装饰。工程量清单项目设置及工程量计算规则，应按表 B. 1. 7 的规定执行。

表B. 1. 7　扶手、栏杆、栏板装饰（编码：020107）

项目编码	项目名称	项目特征	计量单位	工程量计算规则	工程内容
020107001	金属扶手带栏杆、栏板	1. 扶手材料种类、规格、品牌、颜色 2. 栏杆材料种类、规格、品牌、颜色 3. 栏板材料种类、规格、品牌、颜色 4. 固定配件种类 5. 防护材料种类 6. 涂料品种、刷漆遍数	m	按设计图示以扶手中心线长度（包括弯头长度）计算	1. 制作 2. 运输 3. 安装 4. 刷防护材料、涂料
020107002	硬木扶手带栏杆、栏板				
020107003	塑料扶手带栏杆、栏板				
020107004	金属靠墙扶手	1. 扶手材料种类、规格、品牌、颜色 2. 固定配件种类 3. 防护材料种类 4. 涂料品种、刷漆遍数			
020107005	硬木靠墙扶手				
020107006	塑料靠墙扶手				

B. 1. 8 台阶装饰。工程量清单项目设置及工程量计算规则，应按表 B. 1. 8 的规定执行。

表B. 1. 8　台阶装饰(编码：020108)

项目编码	项目名称	项目特征	计量单位	工程量计算规则	工程内容
020108001	石材台阶面	1. 找平层厚度、砂浆配合比 2. 黏结层材料种类 3. 面层材料品种、规格、品牌、颜色 4. 勾缝材料种类 5. 防滑条材料种类、规格 6. 防护材料种类	m^2	按设计图示尺寸以台阶(包括最上层踏步边沿加300mm)水平投影面积计算	1. 基层清理、抹找平层 2. 砂浆制作、运输 3. 抹找平层 4. 面层铺贴 5. 贴嵌防滑条 6. 勾缝 7. 刷防护材料
020108002	块料台阶面				
020108003	水泥砂浆台阶面	1. 找平层厚度、砂浆配合比 2. 面层厚度、砂浆配合比 3. 防滑条材料种类			1. 清理基层 2. 砂浆制作、运输 3. 抹找平层 4. 抹面层 5. 抹防滑条
020108004	现浇水磨石台阶面	1. 找平层厚度、砂浆配合比 2. 面层厚度、水泥石子浆配合比 3. 防滑条材料种类、规格 4. 石子种类、规格、颜色 5. 颜料种类、颜色 6. 磨光、酸洗、打蜡要求			1. 清理基层 2. 砂浆制作、运输 3. 抹找平层 4. 抹面层 5. 贴嵌防滑条 6. 打磨、酸洗、打蜡
020108005	剁假石台阶面	1. 找平层厚度、砂浆配合比 2. 面层厚度、砂浆配合比 3. 剁假石要求			1. 清理基层 2. 砂浆制作、运输 3. 抹找平层 4. 抹面层 5. 剁假石

B. 1. 9 零星装饰项目。工程量清单项目设置及工程量计算规则，应按表 B. 1. 9 的规定执行。

表B. 1. 9　零星装饰项目(编码：020109)

<table>
<tr><th>项目编码</th><th>项目名称</th><th>项目特征</th><th>计量单位</th><th>工程量计算规则</th><th>工程内容</th></tr>
<tr><td>020109001</td><td>石材零星项目</td><td rowspan="3">1. 工程部位
2. 找平层厚度、砂浆配合比
3. 贴结合层厚度、材料种类
4. 面层材料品种、规格、品牌、颜色
5. 勾缝材料种类
6. 防护材料种类
7. 酸洗、打蜡要求</td><td rowspan="4">m^2</td><td rowspan="4">按设计图示尺寸以面积计算</td><td rowspan="3">1. 清理基层
2. 砂浆制作、运输
3. 抹找平层
4. 面层铺贴
5. 勾缝
6. 刷防护材料
7. 酸洗、打蜡</td></tr>
<tr><td>020109002</td><td>碎拼石材零星项目</td></tr>
<tr><td>020109003</td><td>块料零星项目</td></tr>
<tr><td>020109004</td><td>水泥砂浆零星项目</td><td>1. 工程部位
2. 找平层厚度、砂浆配合比
3. 面层厚度、砂浆厚度</td><td>1. 清理基层
2. 砂浆制作、运输
3. 抹找平层
4. 抹面层</td></tr>
</table>

B. 1. 10 本章相关问题，应按下列规定处理

(1)楼梯、阳台、走廊、回廊及其他的装饰性扶手、栏杆、栏板，应按 B. 1. 7 项目编码列项。

(2)楼梯、台阶侧面装饰，0. 5m^2 以内少量分散的楼地面装修，应按 B. 1. 9 中项目编码列项。

B. 2　墙、柱面工程

B. 2. 1 墙面抹灰。工程量清单项目设置及工程量计算规则，应按表 B. 2. 1 的规定执行。

表B. 2. 1　墙面抹灰（编码：020201）

项目编码	项目名称	项目特征	计量单位	工程量计算规则	工程内容
020201001	墙面一般抹灰	1. 墙体类型 2. 底层厚度、砂浆配合比 3. 面层厚度、砂浆配合比 4. 装饰面材料种类 5. 分格缝宽度、材料种类	m^2	按设计图示尺寸以面积计算。扣除墙裙、门窗洞口及单个 $0.3m^2$ 以外的孔洞面积，不扣除踢脚线、挂镜线和墙与构件交接处的面积，门窗洞口和孔洞的侧壁及顶面不增加面积。附墙柱、梁、垛、烟囱侧壁并入相应的墙面面积内 1. 外墙抹灰面积按外墙垂直投影面积计算 2. 外墙裙抹灰面积按其长度乘高度计算 3. 内墙抹灰面积按主墙间的净长乘高度计算 （1）无墙裙的，高度按室内楼地面至天棚底面计算 （2）有墙裙的，高度按墙裙顶至天棚底面计算 4. 内墙裙抹灰面按内墙净长乘高度计算	1. 基层清理 2. 砂浆制作、运输 3. 底层抹灰 4. 抹面层 5. 抹装饰面 6. 勾分格缝
020201002	墙面装饰抹灰				
20201003	墙面勾缝	1. 墙体类型 2. 勾缝类型 3. 勾缝材料种类			勾缝

B. 2. 2 柱面抹灰。工程量清单项目设置及工程量计算规则，应按表 B. 2. 2 的规定执行。

表B. 2. 2　柱面抹灰（编码：020202）

项目编码	项目名称	项目特征	计量单位	工程量计算规则	工程内容
020202001	柱面一般抹灰	1. 柱体类型 2. 底层厚度、砂浆配合比 3. 面层厚度、砂浆配合比 4. 装饰面材料种类 5. 分格缝宽度、材料种类	m^2	按设计图示柱断面周长乘高度以面积计算	1. 基层清理 2. 砂浆制作、运输 3. 底层抹灰 4. 抹面层 5. 抹装饰面 6. 勾分格缝
020202002	柱面装饰抹灰				
020202003	柱面勾缝	1. 墙体类型 2. 勾缝类型 3. 勾缝材料种类			勾缝

B. 2. 3 零星抹灰。工程量清单项目设置及工程量计算规则，应按表 B. 2. 3 的规定执行。

表B. 2. 3 零星抹灰(编码：020203)

<table>
<tr><th>项目编码</th><th>项目名称</th><th>项目特征</th><th>计量单位</th><th>工程量计算规则</th><th>工程内容</th></tr>
<tr><td>020203001</td><td>零星项目一般抹灰</td><td rowspan="2">1. 墙体类型
2. 底层厚度、砂浆配合比
3. 面层厚度、砂浆配合比
4. 装饰面材料种类
5. 分格缝宽度、材料种类</td><td rowspan="2">m^2</td><td rowspan="2">按设计图示尺寸以面积计算</td><td rowspan="2">1. 基层清理
2. 砂浆制作、运输
3. 底层抹灰
4. 抹面层
5. 抹装饰面
6. 勾分格缝</td></tr>
<tr><td>020203002</td><td>零星项目装饰抹灰</td></tr>
</table>

B. 2. 4 墙面镶贴块料。工程量清单项目设置及工程量计算规则，应按表 B. 2. 4 的规定执行。

表B. 2. 4 墙面镶贴块料(编码：020204)

<table>
<tr><th>项目编码</th><th>项目名称</th><th>项目特征</th><th>计量单位</th><th>工程量计算规则</th><th>工程内容</th></tr>
<tr><td>020204001</td><td>石材墙面</td><td rowspan="3">1. 墙体材料
2. 底层厚度、砂浆配合比
3. 黏结层厚度、材料种类
4. 挂贴方式
5. 干贴方式(膨胀螺栓、钢龙骨)
6. 面层材料品种、规格、品牌、颜色
7. 缝宽、嵌缝材料种类
8. 防护材料种类
9. 磨光、酸洗、打蜡要求</td><td rowspan="3">m^2</td><td rowspan="3">按设计图示尺寸以面积计算</td><td rowspan="3">1. 基层清理
2. 砂浆制作、运输
3. 底层抹灰
4. 结合层铺贴
5. 面层铺贴
6. 面层挂贴
7. 面层干挂
8. 嵌缝
9. 刷防护材料
10. 磨光、酸洗、打蜡</td></tr>
<tr><td>020204002</td><td>碎拼石材墙面</td></tr>
<tr><td>020204003</td><td>块料墙面</td></tr>
</table>

（续）

项目编码	项目名称	项目特征	计量单位	工程量计算规则	工程内容
020204004	干挂石材钢骨架	1. 骨架种类、规格 2. 涂料品种、刷油遍数	t	按设计图示以质量计算	1. 骨架制作、运输、安装 2. 骨架涂料

B. 2. 5 柱面镶贴块料。工程量清单项目设置及工程量计算规则，应按表 B. 2. 5 的规定执行。

表B. 2. 5　柱面镶贴块料(编码：020205)

项目编码	项目名称	项目特征	计量单位	工程量计算规则	工程内容
020205001	石材柱面	1. 柱体材料 2. 柱截面类型、尺寸 3. 底层厚度、砂浆配合比 4. 黏结层厚度、材料种类 5. 挂贴方式 6. 干贴方式 7. 面层材料品种、规格、品牌、颜色 8. 缝宽、嵌缝材料种类 9. 防护材料种类 10. 磨光、酸洗、打蜡要求	m^2	按设计图示尺寸以面积计算	1. 基层清理 2. 砂浆制作、运输 3. 底层抹灰 4. 结合层铺贴 5. 面层铺贴 6. 面层挂贴 7. 面层干挂 8. 嵌缝 9. 刷防护材料 10. 磨光、酸洗、打蜡
020205002	拼碎石材柱面				
020205003	块料柱面				
020205004	石材梁面	1. 底层厚度、砂浆配合比 2. 黏结层厚度、材料种类 3. 面层材料品种、规格、颜色 4. 缝宽、嵌缝材料种类 5. 防护材料种类 6. 磨光、酸洗、打蜡要求			1. 基层清理 2. 砂浆制作、运输 3. 底层抹灰 4. 结合层铺贴 5. 面层铺贴 6. 面层挂贴 7. 嵌缝 8. 刷防护材料 9. 磨光、酸洗、打蜡
020205005	块料梁面				

B. 2. 6 零星镶贴块料。工程量清单项目设置及工程量计算规则，

应按表 B. 2. 6 的规定执行。

表B. 2. 6　零星镶贴块料(编码: 020206)

项目编码	项目名称	项目特征	计量单位	工程量计算规则	工程内容
020206001	石材零星项目	1. 柱、墙体材料 2. 底层厚度、砂浆配合比 3. 黏结层厚度、材料种类 4. 挂贴方式 5. 干挂方式 6. 面层材料品种、规格、品牌、颜色 7. 缝宽、嵌缝材料种类 8. 防护材料种类 9. 磨光、酸洗、打蜡要求	m^2	按设计图示尺寸以面积计算	1. 基层清理 2. 砂浆制作、运输 3. 底层抹灰 4. 结合层铺贴 5. 面层铺贴 6. 面层挂贴 7. 面层干挂 8. 嵌缝 9. 刷防护材料 10. 磨光、酸洗、打蜡
020206002	拼碎石材零星项目				
020206003	块料零星项目				

B. 2. 7 墙饰面。工程量清单项目设置及工程量计算规则，应按表 B. 2. 7 的规定执行。

表B. 2. 7　墙饰面(编码: 020207)

项目编码	项目名称	项目特征	计量单位	工程量计算规则	工程内容
020207001	装饰板墙面	1. 墙体材料 2. 底层厚度、砂浆配合比 3. 龙骨材料种类、规格、中距 4. 隔离层材料种类、规格 5. 基层材料种类、规格 6. 面层材料品种、规格、品牌、颜色 7. 压条材料种类、规格 8. 防护材料种类 9. 涂料品种、刷油遍数	m^2	按设计图示墙净长乘净高以面积计算。扣除门窗洞口及单个 0. 3m^2 以上的孔洞所占面积	1. 基层清理 2. 砂浆制作、运输 3. 底层抹灰 4. 龙骨制作、运输、安装 5. 钉隔离层 6. 基层铺钉 7. 面层铺贴 8. 刷防护材料、涂料

B. 2. 8 柱(梁)饰面。工程量清单项目设置及工程量计算规则，应按表 B. 2. 8 的规定执行。

表B. 2. 8　柱(梁)饰面(编码：020208)

项目编码	项目名称	项目特征	计量单位	工程量计算规则	工程内容
020208001	柱(梁)面装饰	1. 柱(梁)体材料 2. 底层厚度、砂浆配合比 3. 龙骨材料种类、规格、中距 4. 隔离层材料种类 5. 基层材料种类、规格 6. 面层材料品种、规格、品种、颜色 7. 压条材料种类、规格 8. 防护材料种类 9. 涂料品种、刷漆遍数	m^2	按设计图示饰面外围尺寸以面积计算。柱帽、柱墩并入相应柱饰面工程量内	1. 清理基层 2. 砂浆制作、运输 3. 底层抹灰 4. 龙骨制作、运输、安装 5. 钉隔离层 6. 基层铺钉 7. 面层铺贴 8. 刷防护材料、涂料

B. 2. 9 隔断。工程量清单项目设置及工程量计算规则，应按表 B. 2. 9 的规定执行。

表B. 2. 9　隔断(编码：020209)

项目编码	项目名称	项目特征	计量单位	工程量计算规则	工程内容
020209001	隔断	1. 骨架、边框材料种类、规格 2. 隔板材料品种、规格、品牌、颜色 3. 嵌缝、塞口材料品种 4. 压条材料种类 5. 防护材料种类 6. 涂料品种、刷漆遍数	m^2	按设计图示框外围尺寸以面积计算。不扣除门窗所占面积；扣除单个 $0.3m^2$ 以上的孔洞所占面积；浴厕侧门的材质与隔断相同时，门的面积并入隔断面积内	1. 骨架及边框制作、运输、安装 2. 隔板制作、运输、安装 3. 嵌缝、塞口 4. 装钉压条 5. 刷防护材料、涂料

B. 2. 10 幕墙。工程量清单项目设置及工程量计算规则，应按表 B. 2. 10 的规定执行。

表B. 2. 10 幕墙(编码: 020210)

项目编码	项目名称	项目特征	计量单位	工程量计算规则	工程内容
020210001	带骨架幕墙	1. 骨架材料种类、规格、中距 2. 面层材料品种、规格、品种、颜色 3. 面层固定方式 4. 嵌缝、塞口材料种类	m^2	按设计图示框外围尺寸以面积计算。不扣除门窗所占面积	1. 骨架制作、运输、安装 2. 面层安装 3. 嵌缝、塞口 4. 清洗
020210002	全玻幕墙	1. 玻璃品种、规格、品牌、颜色 2. 黏结塞口材料种类 3. 固定方式		按设计图示尺寸以面积计算。不扣除门窗所占面积，带肋全玻幕墙按展开面积计算	1. 幕墙安装 2. 嵌缝、塞口 3. 清洗

B. 2. 11 本章相关问题，应按下列规定处理

(1)石灰砂浆、水泥砂浆、水泥混合砂浆、聚合物水泥砂浆、麻刀石灰、纸筋石灰、石膏灰等的抹灰应按 B. 2. 1 中一般抹灰项目编码列项；水刷石、斩假石(剁斧石、剁假石)、干粘石、假面砖等的抹灰应按 B. 2. 1 中装饰抹灰项目编码列项。

(2)0. 5m^2 以内少量分散的抹灰和镶贴块料面层，应按 B. 2. 1 和 B. 2. 6 中相关项目编码列项。

B. 3 天棚工程

B. 3. 1 天棚抹灰。工程量清单项目设置及工程量计算规则，应按表 B. 3. 1 的规定执行。

表B. 3. 1 天棚抹灰(编码: 020301)

项目编码	项目名称	项目特征	计量单位	工程量计算规则	工程内容
020301001	天棚抹灰	1. 基层种类 2. 抹灰厚度、材料种类 3. 砂浆配合比	m^2	按设计图示尺寸以水平投影面积计算。不扣除间壁墙、垛、柱、附墙烟囱、检查口和管道所占的面积，带梁天棚、梁两侧抹灰面积并入天棚面积内，板式楼梯底面抹灰按斜面积计算，锯齿形楼梯底板抹灰按展开面积计算	1. 基层清理 2. 底层抹灰 3. 抹面层 4. 抹装饰线条

B. 3. 2 天棚吊顶。工程量清单项目设置及工程量计算规则，应按表 B. 3. 2 的规定执行。

表B. 3. 2 天棚吊顶(编码：020302)

<table>
<tr><th>项目编码</th><th>项目名称</th><th>项目特征</th><th>计量单位</th><th>工程量计算规则</th><th>工程内容</th></tr>
<tr><td>020302001</td><td>天棚吊顶</td><td>1. 吊顶形式
2. 龙骨材料种类、规格、中距
3. 基层材料种类、规格
4. 面层材料品种、规格、品牌、颜色
5. 压条材料种类、规格
6. 嵌缝材料种类
7. 防护材料种类
8. 涂料品种、刷漆遍数</td><td>m^2</td><td>按设计图示尺寸以水平投影面积计算。天棚面中的灯槽、跌级、锯齿形、吊挂式、藻井式展开增加的面积不另计算，不扣除间壁墙、检查洞、附墙烟囱、柱垛和管道所占面积，扣除单个 0.3m^2 以外的孔洞、独立柱及与天棚相连的窗帘盒所占的面积</td><td>1. 基层清理
2. 龙骨安装
3. 基层板铺贴
4. 面层铺贴
5. 嵌缝
6. 刷防护材料、涂料</td></tr>
<tr><td>020302002</td><td>格栅吊顶</td><td>1. 龙骨材料种类、规格、中距
2. 基层材料种类、规格
3. 面层材料品种、规格、品牌、颜色
4. 防护材料种类
5. 涂料品种、刷漆遍数</td><td rowspan="2">m^2</td><td rowspan="2">按设计图示尺寸以水平投影面积计算。</td><td>1. 基层清理
2. 底层抹灰
3. 安装龙骨
4. 基层板铺贴
5. 面层铺贴
6. 刷防护材料、涂料</td></tr>
<tr><td>020302003</td><td>吊筒吊顶</td><td>1. 底层厚度、砂浆配合比
2. 吊筒形状、规格、颜色、材料种类
3. 防护材料种类
4. 涂料品种、刷漆遍数</td><td>1. 基层清理
2. 底层抹灰
3. 吊筒安装
4. 刷防护材料、涂料</td></tr>
</table>

（续）

项目编码	项目名称	项目特征	计量单位	工程量计算规则	工程内容
020302004	藤条造型悬挂吊顶	1. 底层厚度、砂浆配合比 2. 骨架材料种类、规格 3. 面层材料品种、规格、颜色 4. 防护层材料种类 5. 涂料品种、刷漆遍数	m^2	按设计图示尺寸以水平投影面积计算	1. 基层清理 2. 底层抹灰 3. 龙骨安装 4. 铺贴面层 5. 刷防护材料、涂料
020302005	织物软雕吊顶				
020302006	网架(装饰)吊顶	1. 底层厚度、砂浆配合比 2. 面层材料品种、规格、颜色 3. 防护材料品种 4. 涂料品种、刷漆遍数			1. 基层清理 2. 底面抹灰 3. 面层安装 4. 刷防护材料、涂料

B. 3. 3 天棚其他装饰。工程量清单项目设置及工程量计算规则，应按表 B. 3. 3 的规定执行。

表B. 3. 3　天棚其他装饰(编码：020303)

项目编码	项目名称	项目特征	计量单位	工程量计算规则	工程内容
020303001	灯带	1. 灯带型式、尺寸 2. 格栅片材料品种、规格、品牌、颜色 3. 安装固定方式	m^2	按设计图示尺寸以框外围面积计算	安装、固定
020303002	送风口、回风口	1. 风口材料品种、规格、品牌、颜色 2. 安装固定方式 3. 防护材料种类	个	按设计图示数量计算	1. 安装、固定 2. 刷防护材料

B. 3. 4　采光天棚和天棚设保温隔热吸音层时，应按 A. Ⅷ中相关项目编码列项。

B.4 门窗工程

B.4.1 木门。工程量清单项目设置及工程量计算规则，应按表B.4.1的规定执行。

表B.4.1 木门(编码：020401)

<table>
<tr><th>项目编码</th><th>项目名称</th><th>项目特征</th><th>计量单位</th><th>工程量计算规则</th><th>工程内容</th></tr>
<tr><td>020401001</td><td>镶板木门</td><td rowspan="4">1. 门类型
2. 框截面尺寸、单扇面积
3. 骨架材料种类
4. 面层材料品种、规格、品牌、颜色
5. 玻璃品种、厚度、五金特殊要求
6. 防护层材料种类
7. 涂料品种、刷漆遍数</td><td rowspan="8">樘</td><td rowspan="8">按设计图示数量计算</td><td>1. 门制作、运输、安装
2. 五金、玻璃安装
3. 刷防护材料、涂料</td></tr>
<tr><td>020401002</td><td>企口木板门</td><td rowspan="2">1. 门制作、运输、安装
2. 五金安装
3. 刷防护材料、涂料</td></tr>
<tr><td>020401003</td><td>实木装饰门</td></tr>
<tr><td>020401004</td><td>胶合板门</td><td>1. 门制作、运输、安装
2. 五金、玻璃安装
3. 刷防护材料、涂料</td></tr>
<tr><td>020401005</td><td>夹板装饰门</td><td rowspan="3">1. 门类型
2. 框截面尺寸、单扇面积
3. 骨架材料种类
4. 防水材料种类
5. 门纱材料品种、规格
6. 面层材料品种、规格、品牌、颜色
7. 玻璃品种、厚度、五金特殊要求
8. 防护材料种类
9. 涂料品种、刷漆遍数</td><td rowspan="3">1. 门制作、运输、安装
2. 五金、玻璃安装
3. 刷防护材料、涂料</td></tr>
<tr><td>020401006</td><td>木质防火门</td></tr>
<tr><td>020401007</td><td>木纱门</td></tr>
<tr><td>020401008</td><td>连窗门</td><td>1. 门窗类型
2. 框截面尺寸、单扇面积
3. 骨架材料种类
4. 面层材料品种、规格、品牌、颜色
5. 玻璃品种、厚度、五金特殊要求
6. 防护材料种类
7. 涂料品种、刷漆遍数</td><td>1. 门窗制作、运输、安装
2. 五金、玻璃安装
3. 刷防护材料、涂料</td></tr>
</table>

B. 4. 2 金属门。工程量清单项目设置及工程量计算规则，应按表 B. 4. 2 的规定执行。

表B. 4. 2 金属门(编码：020402)

<table>
<tr><th>项目编码</th><th>项目名称</th><th>项目特征</th><th>计量单位</th><th>工程量计算规则</th><th>工程内容</th></tr>
<tr><td>020402001</td><td>金属平开门</td><td rowspan="7">1. 门类型
2. 框材质、外围尺寸
3. 扇材质、外围尺寸
4. 玻璃品种、厚度、五金特殊要求
5. 防护材料种类
6. 涂料品种、刷漆遍数</td><td rowspan="7">樘</td><td rowspan="7">按设计图示数量计算</td><td rowspan="3">1. 门制作、运输、安装
2. 五金、玻璃安装
3. 刷防护材料、涂料</td></tr>
<tr><td>020402002</td><td>金属推拉门</td></tr>
<tr><td>020402003</td><td>金属地弹门</td></tr>
<tr><td>020402004</td><td>彩板门</td><td rowspan="4">1. 门运输、安装
2. 五金、玻璃安装
3. 刷防护材料、涂料</td></tr>
<tr><td>020402005</td><td>塑钢门</td></tr>
<tr><td>020402006</td><td>防盗门</td></tr>
<tr><td>020402007</td><td>钢质防火门</td></tr>
</table>

B. 4. 3 金属卷帘门。工程量清单项目设置及工程量计算规则，应按表 B. 4. 3 的规定执行。

表B. 4. 3 金属卷帘门(编码：020403)

<table>
<tr><th>项目编码</th><th>项目名称</th><th>项目特征</th><th>计量单位</th><th>工程量计算规则</th><th>工程内容</th></tr>
<tr><td>020403001</td><td>金属卷闸门</td><td rowspan="3">1. 门材质、框外围尺寸
2. 启动装置品种、规格、品牌
3. 五金特殊要求
4. 刷防护材料种类
5. 涂料品种、刷漆遍数</td><td rowspan="3">樘</td><td rowspan="3">按设计图示数量计算</td><td>1. 门制作、运输、安装
2. 启动装置、五金安装
3. 刷防护材料、涂料</td></tr>
<tr><td>020403002</td><td>金属格栅门</td><td>1. 门制作、运输、安装
2. 五金安装
3. 刷防护材料、涂料</td></tr>
<tr><td>020403003</td><td>防火卷帘门</td><td>1. 门制作、运输、安装
2. 启动装置、五金安装
3. 刷防护材料、涂料</td></tr>
</table>

B. 4. 4 其他门。工程量清单项目设置及工程量计算规则，应按表 B. 4. 4 的规定执行。

表B. 4. 4 其他门(编码：020404)

项目编码	项目名称	项目特征	计量单位	工程量计算规则	工程内容
020404001	电子感应门	1. 门材质、品牌、外围尺寸 2. 玻璃品种、厚度、五金特殊要求 3. 电子配件品种、规格、品牌 4. 防护材料种类 5. 涂料品种、刷漆遍数	樘	按设计图示数量计算	1. 门制作、运输、安装 2. 五金、电子配件安装 3. 刷防护材料、涂料
020404002	转门				
020404003	电子对讲门				
020404004	电动伸缩门				
020404005	全玻门（带扇框）	1. 门类型 2. 框材质、外围尺寸 3. 扇材质、外围尺寸 4. 玻璃品种、厚度、五金特殊要求 5. 防护材料种类 6. 涂料品种、刷漆遍数			1. 门制作、运输、安装 2. 五金安装 3. 刷防护材料、涂料
020404006	全玻自由门（无扇框）				
020404007	半玻门（带扇框）				
020404008	镜面不锈钢饰面门				1. 门扇骨架及基层制作、运输、安装 2. 包面层 3. 五金安装 4. 刷防护材料

B. 4. 5 木窗。工程量清单项目设置及工程量计算规则，应按表B. 4. 5的规定执行。

表B. 4. 5 木窗(编码：020405)

项目编码	项目名称	项目特征	计量单位	工程量计算规则	工程内容
020405001	木质平开窗	1. 窗类型 2. 框材质、外围尺寸 3. 扇材质、外围尺寸 4. 玻璃品种、厚度、五金特殊要求 5. 防护材料种类 6. 涂料品种、刷漆遍数	樘	按设计图示数量计算	1. 窗制作、运输、安装 2. 五金、玻璃安装 3. 刷防护材料、涂料
020405002	木质推拉窗				
020405003	矩形木百叶窗				
020405004	异形木百叶窗				

（续）

项目编码	项目名称	项目特征	计量单位	工程量计算规则	工程内容
020405005	木组合窗	1. 窗类型 2. 框材质、外围尺寸 3. 扇材质、外围尺寸 4. 玻璃品种、厚度、五金特殊要求 5. 防护材料种类 6. 涂料品种、刷漆遍数	樘	按设计图示数量计算	1. 窗制作、运输、安装 2. 五金、玻璃安装 3. 刷防护材料、涂料
020405006	木天窗				
020405007	矩形木固定窗				
020405008	异形木固定窗				
020405009	装饰空花窗				

B.4.6 金属窗。工程量清单项目设置及工程量计算规则，应按表 B.4.6 的规定执行。

表B.4.6 金属窗（编码：020406）

项目编码	项目名称	项目特征	计量单位	工程量计算规则	工程内容
020406001	金属推拉窗	1. 窗类型 2. 框材质、外围尺寸 3. 扇材质、外围尺寸 4. 玻璃品种、厚度、五金特殊要求 5. 防护材料种类 6. 涂料品种、刷漆遍数	樘	按设计图示数量计算	1. 窗制作、运输、安装 2. 五金、玻璃安装 3. 刷防护材料、涂料
020406002	金属平开窗				
020406003	金属固定窗				
020406004	金属百叶窗				
020406005	金属组合窗				
020406006	彩板窗	1. 窗类型 2. 框材质、外围尺寸 3. 扇材质、外围尺寸 4. 玻璃品种、厚度、五金特殊要求 5. 防护材料种类 6. 涂料品种、刷漆遍数			1. 窗制作、运输、安装 2. 五金、玻璃安装 3. 刷防护材料、涂料
020406007	塑钢窗				
020406008	金属防盗窗				
020406009	金属格栅窗				

B. 4. 7　门窗套。工程量清单项目设置及工程量计算规则，应按表 B. 4. 7 的规定执行。

表B. 4. 7　门窗套(编码：020407)

项目编码	项目名称	项目特征	计量单位	工程量计算规则	工程内容
020407001	木门窗套	1. 底层厚度、砂浆配合比 2. 立筋材料种类、规格 3. 基层材料种类 4. 面层材料品种、规格、品种、品牌、颜色 5. 防护材料种类 6. 涂料品种、刷漆遍数	m^2	按设计图示尺寸以展开面积计算	1. 清理基层 2. 底层抹灰 3. 立筋制作、安装 4. 基层板安装 5. 面层铺贴 6. 刷防护材料、涂料
020407002	金属门窗套				
020407003	石材门窗套				
020407004	门窗木贴脸				
020407005	硬木筒子板				
020407006	饰面夹板筒子板				

B. 4. 8　窗帘盒、窗帘轨。工程量清单项目设置及工程量计算规则，应按表 B. 4. 8 的规定执行。

表B. 4. 8　窗帘盒、窗帘轨(编码：020408)

项目编码	项目名称	项目特征	计量单位	工程量计算规则	工程内容
020408001	木窗帘盒	1. 窗帘盒材质、规格、颜色 2. 窗帘轨材质、规格 3. 防护材料种类 4. 涂料种类、刷漆遍数	m	按设计图示以长度计算	1. 制作、运输、安装 2. 刷防护材料、涂料
020408002	饰面夹板塑料窗帘盒				
020408003	铝合金属窗帘盒				
020408004	窗帘轨				

B. 4. 9　窗台板。工程量清单项目设置及工程量计算规则，应按表 B. 4. 9 的规定执行。

表B.4.9 窗台板(编码:020409)

项目编码	项目名称	项目特征	计量单位	工程量计算规则	工程内容
020409001	木窗台板	1. 找平层厚度、砂浆配合比 2. 窗台板材质、规格、颜色 3. 防护材料种类 4. 涂料种类、刷漆遍数	m	按设计图示以长度计算	1. 基层清理 2. 抹找平层 3. 窗台板制作、安装 4. 刷防护材料、涂料
020409002	铝塑窗台板				
020409003	石材窗台板				
020409004	金属窗台板				

B.4.10 本章相关问题,应按下列规定处理

(1)玻璃、百页面积占其门扇面积一半以内者应为半玻门或半百叶门,超过一半时应为全玻门或全百叶门。

(2)木门五金应包括:折页、插销、风钩、弓背拉手、塔扣、木螺丝、弹簧折页、(自动门)、管子拉手(自由门、地弹门)、地弹簧(地弹门)、铁角、门轧头(地弹门、自由门)等。

(3)木窗五金应包括:折页、插销、风钩、木螺丝、滑轮滑轨(推拉窗)等。

(4)铝合金窗五金应包括:卡锁、滑轮、铰拉、执手、拉把、拉手、风撑、角码、牛角制等

(5)铝合门五金应包括:地弹簧、门锁、拉手、门插、门铰、螺丝等。

(6)其他门五金应包括L形执手插锁(双舌)、球形执手锁(单舌)、门轧头、地锁、防盗门扣、门眼(猫眼)、门碰珠、电子销(磁卡销)、闭门器、装饰拉手等。

B.5 涂料、裱糊工程

B.5.1 门油漆。工程量清单项目设置及工程量计算规则,应按表B.5.1的规定执行。

表B. 5. 1 门油漆(编码：020501)

项目编码	项目名称	项目特征	计量单位	工程量计算规则	工程内容
020501001	门油漆	1. 腻子种类 2. 刮腻子要求 3. 防护材料种类 4. 涂料品种、刷漆遍数	樘	按设计图示数量计算	1. 基层清理 2. 刮腻子 3. 刷防护材料、涂料

B. 5. 2 窗油漆。工程量清单项目设置及工程量计算规则，应按表 B. 5. 2 的规定执行。

表B. 5. 2 窗油漆(编码：020502)

项目编码	项目名称	项目特征	计量单位	工程量计算规则	工程内容
020502001	窗油漆	1. 腻子种类 2. 刮腻子要求 3. 防护材料种类 4. 涂料品种、刷漆遍数	樘	按设计图示数量计算	1. 基层清理 2. 刮腻子 3. 刷防护材料、涂料

B. 5. 3 木扶手及其他板条线条油漆。工程量清单项目设置及工程量计算规则，应按表 B. 5. 3 的规定执行。

表B. 5. 3 木扶手及其他板条线条油漆(编码：020503)

项目编码	项目名称	项目特征	计量单位	工程量计算规则	工程内容
020503001	木扶手油漆	1. 腻子种类 2. 刮腻子要求 3. 油漆体单位展开面积 4. 油漆体长度 5. 防护材料种类 6. 涂料品种、刷漆遍数	m	按设计图示以长度计算	1. 基层清理 2. 刮腻子 3. 刷防护材料、涂料
020503002	窗帘盒油漆				
020503003	封檐板、顺水板油漆				
020503004	挂衣板、黑板框油漆				
020503005	挂镜线、窗帘棍、单独木线油漆				

B. 5. 4 木材面油漆。工程量清单项目设置及工程量计算规则，应按表 B. 5. 4 的规定执行。

表B.5.4 木材面油漆(编码:020504)

项目编码	项目名称	项目特征	计量单位	工程量计算规则	工程内容
020504001	木板、纤维板、胶合板油漆	1. 腻子种类 2. 刮腻子要求 3. 防护材料种类 4. 涂料品种、刷漆遍数	m^2	按设计图示尺寸以面积计算	1. 基层清理 2. 刮腻子 3. 刷防护材料、油漆
020504002	木护墙、木墙裙油漆				
020504003	窗台板、筒子板、盖板、门窗套、踢脚线油漆				
020504004	清水板条天棚、檐口油漆				
020504005	木方格吊顶天棚油漆				
020504006	吸音板墙面、天棚面油漆				
020504007	暖气罩油漆				
020504008	木间壁、木隔断油漆	1. 腻子种类 2. 刮腻子要求 3. 防护材料种类 4. 涂料品种、刷漆遍数	m^2	按设计图示尺寸以单面外围面积计算	1. 基层清理 2. 刮腻子 3. 刷防护材料、油漆
020504009	玻璃间壁露明墙筋油漆				
020504010	木栅栏、木栏杆(带扶手)油漆				
020504011	衣柜、壁柜油漆			按设计图示尺寸以涂料部分展开面积计算	
020504012	梁柱饰面油漆				
020504013	零星木装修油漆				
020504014	木地板油漆			按设计图示尺寸以面积计算。空洞、空圈、暖气包槽、壁龛的开口部分并入相应的工程量内	
020504015	木地板烫硬蜡面	1. 硬蜡品种 2. 面层处理要求			1. 基层清理 2. 烫蜡

B. 5. 5 金属面油漆。工程量清单项目设置及工程量计算规则，应按表 B. 5. 5 的规定执行。

表B. 5. 5 金属面油漆(编码：020505)

项目编码	项目名称	项目特征	计量单位	工程量计算规则	工程内容
020505001	金属面油漆	1. 腻子种类 2. 刮腻子要求 3. 防护材料种类 4. 涂料品种、刷漆遍数	t	按设计图示质量计算	1. 基层清理 2. 刮腻子 3. 刷防护材料、涂料

B. 5. 6 抹灰面油漆。工程量清单项目设置及工程量计算规则，应按表 B. 5. 6 的规定执行。

表B. 5. 6 抹灰面油漆(编码：020506)

项目编码	项目名称	项目特征	计量单位	工程量计算规则	工程内容
020506001	抹灰面油漆	1. 腻子种类 2. 刮腻子要求 3. 防护材料种类 4. 涂料品种、刷漆遍数	m^2	按设计图示尺寸以面积计算	1. 基层清理 2. 刮腻子 3. 刷防护材料、涂料
020506002	抹灰线条油漆				

B. 5. 7 喷塑、涂料。工程量清单项目设置及工程量计算规则，应按表 B. 5. 7 的规定执行。

表B. 5. 7 喷塑、涂料(编码：020507)

项目编码	项目名称	项目特征	计量单位	工程量计算规则	工程内容
020507001	刷喷涂料	1. 腻子种类 2. 刮腻子要求 3. 涂料品种、刷喷遍数	m^2	按设计图示尺寸以面积计算	1. 基层清理 2. 刮腻子 3. 刷、喷涂料

B. 5. 8 花饰、线条刷涂料。工程量清单项目设置及工程量计算规则，应按表 B. 5. 8 的规定执行。

表B.5.8　花饰、线条刷涂料（编码：020508）

项目编码	项目名称	项目特征	计量单位	工程量计算规则	工程内容
020508001	空花格、栏杆刷涂料	1. 腻子种类 2. 刮腻子要求 3. 涂料品种、刷喷遍数	m^2	按设计图示尺寸以单面外围面积计算	1. 基层清理 2. 刮腻子 3. 刷、喷涂料
020508002	线条刷涂料		m	按设计图示以长度计算	

B.5.9　裱糊。工程量清单项目设置及工程量计算规则，应按表B.5.9的规定执行。

表B.5.9　裱糊（编码：020509）

项目编码	项目名称	项目特征	计量单位	工程量计算规则	工程内容
020509001	墙纸裱糊	1. 裱糊构件部位 2. 腻子种类 3. 刮腻子要求 4. 黏结材料种类 5. 防护材料种类 6. 面层材料品种、规格、品牌、颜色	m^2	按设计图示尺寸以面积计算	1. 基层清理 2. 刮腻子 3. 面层铺粘 4. 刷防护材料
020509002	织锦缎裱糊				

B.5.10　门窗及木扶手油漆相关问题，应按下列规定处理

（1）门油漆应区分单层木门、双层（一玻一纱）木门、双层（单裁口）木门、全玻自由门、半玻自由门、装饰门及有框门或无框门等分别编码列项。

（2）窗油漆应区分单层玻璃窗、双层（一玻一纱）木窗、双层框扇（单裁口）木窗、双层框三层（二玻一纱）木窗、单层组合窗、双层组合窗、木百叶窗、木推拉窗等分别编码列项。

（3）木扶手应区分带托板与不带托板分别编码列项。

B.6　其他工程

B.6.1　柜类、货架。工程量清单项目设置及工程量计算规则，应按表B.6.1的规定执行。

表B.6.1 柜类、货架(编码:020601)

项目编码	项目名称	项目特征	计量单位	工程量计算规则	工程内容
020601001	柜台	1. 台柜规格 2. 材料种类、规格 3. 五金种类、规格 4. 防护材料种类 5. 涂料品种、刷漆遍数	个	按设计图示数量计算	1. 台柜制作、运输、安装(安放) 2. 刷防护材料、涂料
020601002	酒柜				
020601003	衣柜				
020601004	存包柜				
020601005	鞋柜				
020601006	书柜				
020601007	厨房壁柜				
020601008	木壁柜				
020601009	厨房低柜				
020601010	厨房吊柜				
020601011	矮柜				
020601012	吧台背柜	1. 台柜规格 2. 材料种类、规格 3. 五金种类、规格 4. 防护材料种类 5. 涂料品种、刷漆遍数			1. 台柜制作、运输、安装(安放) 2. 刷防护材料、涂料
020601013	酒吧吊柜				
020601014	酒吧台				
020601015	展台				
020601016	收银台				
020601017	试衣间				
020601018	货架				
020601019	书架				
020601020	服务台				

B.6.2 暖气罩。工程量清单项目设置及工程量计算规则,应按表B.6.2的规定执行。

表B.6.2 暖气罩(编码:020602)

项目编码	项目名称	项目特征	计量单位	工程量计算规则	工程内容
020602001	饰面板暖气罩	1. 暖气罩材质 2. 单个罩垂直投影面积 3. 防护材料种类 4. 涂料品种、刷漆遍数	m^2	按设计图示尺寸以垂直投影面积(不展开)计算	1. 暖气罩制作、运输、安装 2. 刷防护材料、涂料
020602002	塑料板暖气罩				
020602003	金属暖气罩				

B.6.3 浴厕配件。工程量清单项目设置及工程量计算规则，应按表 B.6.3 的规定执行。

表B.6.3 浴厕配件(编码：020603)

项目编码	项目名称	项目特征	计量单位	工程量计算规则	工程内容
020603001	石材洗漱台	1. 材料品种、规格、品牌、颜色 2. 支架、配件品种、规格、品牌 3. 涂料品种、刷漆遍数	m^2	按设计图示尺寸以台面外接矩形面积计算。不扣除孔洞、挖弯、削角所占面积，挡板、吊沿板面积并入台面面积内	1. 台面及支架制作、运输、安装 2. 杆、环、盒、配件安装 3. 刷涂料
020603002	晒衣架		根(套)	按设计图示数量计算	
020603003	帘子杆				
020603004	浴缸拉手				
020603005	毛巾杆(架)				
020603006	毛巾环		副		
020603007	卫生纸盒		个		
020603008	肥皂盒				
020603009	镜面玻璃	1. 镜面玻璃品种、规格 2. 框材质、断面尺寸 3. 基层材料种类 4. 防护材料种类 5. 涂料品种、刷漆遍数	m^2	按设计图示尺寸以边框外围面积计算	1. 基层安装 2. 玻璃及框制作、运输、安装 3. 刷防护材料、涂料
020603010	镜箱	1. 箱材质、规格 2. 玻璃品种、规格 3. 基层材料种类 4. 防护材料种类 5. 涂料品种、刷漆遍数	个	按设计图示数量计算	1. 基层安装 2. 箱体制作、运输、安装 3. 玻璃安装 4. 刷防护材料、涂料

B. 6. 4　压条、装饰线。工程量清单项目设置及工程量计算规则，应按表 B. 6. 4 的规定执行。

表B. 6. 4　压条、装饰线(编码：020604)

项目编码	项目名称	项目特征	计量单位	工程量计算规则	工程内容
020604001	金属装饰线	1. 基层类型 2. 线条材料品种、规格、颜色 3. 防护材料种类 4. 涂料品种、刷漆遍数	m	按设计图示以长度计算	1. 线条制作、安装 2. 刷防护材料、涂料
020604002	木质装饰线				
020604003	石材装饰线				
020604004	石膏装饰线				
020604005	镜面玻璃线				
020604006	铝塑装饰线				
020604007	塑料装饰线				

B. 6. 5　雨篷、旗杆。工程量清单项目设置及工程量计算规则，应按表 B. 6. 5 的规定执行。

表B. 6. 5　雨篷、旗杆(编码：020605)

项目编码	项目名称	项目特征	计量单位	工程量计算规则	工程内容
020605001	雨篷吊挂饰面	1. 基层类型 2. 龙骨材料种类、规格、中距 3. 面层材料品种、规格、品牌 4. 嵌缝材料种类 5. 防护材料种类 6. 涂料品种、刷漆遍数	m^2	按设计图示尺寸以水平投影面积计算	1. 底层抹灰 2. 龙骨基层安装 3. 面层安装 4. 刷防护材料、涂料
020605002	金属旗杆	1. 旗杆材类、种类、规格 2. 旗杆高度	根	按设计图示数量计算	1. 土石挖填 2. 基础混凝土浇筑 3. 旗杆制作、安装 4. 旗杆台座制作、饰面

B. 6. 6 招牌、灯箱。工程量清单项目设置及工程量计算规则，应按表 B. 6. 6 的规定执行。

表B. 6. 6 招牌、灯箱(编码：020606)

<table>
<tr><th>项目编码</th><th>项目名称</th><th>项目特征</th><th>计量单位</th><th>工程量计算规则</th><th>工程内容</th></tr>
<tr><td>020606001</td><td>平面、箱式招牌</td><td rowspan="3">1. 箱体规格
2. 基层材料种类
3. 面层材料种类
4. 防护材料种类
5. 涂料品种、刷漆遍数</td><td>m^2</td><td>按设计图示尺寸以正立面边框外围面积计算。复杂形的凸凹造型部分不增加面积</td><td rowspan="3">1. 基层安装
2. 箱体及支架制作、运输、安装
3. 面层制作、安装
4. 刷防护材料、涂料</td></tr>
<tr><td>020606002</td><td>竖式标箱</td><td rowspan="2">个</td><td rowspan="2">按设计图示数量计算</td></tr>
<tr><td>020606003</td><td>灯箱</td></tr>
</table>

B. 6. 7 美术字。工程量清单项目设置及工程量计算规则，应按表 B. 6. 7 的规定执行。

表B. 6. 7 美术字(编码：020607)

<table>
<tr><th>项目编码</th><th>项目名称</th><th>项目特征</th><th>计量单位</th><th>工程量计算规则</th><th>工程内容</th></tr>
<tr><td>020607001</td><td>泡沫塑料字</td><td rowspan="4">1. 镌字材料品种、颜色
2. 字体规格
3. 固定方式
4. 涂料品种、刷漆遍数</td><td rowspan="4">个</td><td rowspan="4">按设计图示数量计算</td><td rowspan="4">1. 字制作、运输、安装
2. 刷涂料</td></tr>
<tr><td>020607002</td><td>有机玻璃字</td></tr>
<tr><td>020607003</td><td>木质字</td></tr>
<tr><td>020607004</td><td>金属字</td></tr>
</table>

4.4 统筹法计算工程量

运用统筹法原理计算一般土建工程工程量是一种先进的数学方法。

4.4.1 统筹法原理

(1)统筹法概念

统筹法由数学家华罗庚教授在我国推广普及的，是一种先进的数学方法；通过事先对较优质参数的合理选择和对生产组织的统筹安排，可以经济合理地使用人力、物力、财力。用比较少的人力、资金、物资，生产更多更好的产品，从而收到优质、高产、低消耗的效果。

在工程预算工作中，根据各分项工程量之间的固有规律和相互之间的依赖关系，运用统筹法原理和统筹图解来合理安排工程量的计算先后顺序，以达到节约时间、简化计算、提高工效、及时准确科学编制工程预算的目的。

(2)统筹法在工程预算工作中的应用原理

统筹法原理的最大特点，就是不完全按着预算定额中的分项工程先后顺序计算工程量。而是按下述顺序统筹计算出有关的工程量：

①凡是有减和被减关系的工程项目，先计算应减工程量。

例如，计算砌墙体积时，应先计算应扣除的门窗、洞口面积及钢筋混凝土构件体积，后计算砌墙体积。装修工程中，先计算应扣除的局部面积，再计算整片的装修面积。

②先计算可以作为其他数据计算基数的数据，一个数据可以多次重复使用，连续计算。

常用基础数据为“三线一面”，即外墙外边线长、外墙中心线长、内墙净长线长、首层建筑面积。

4.4.2 减项计算

(1)门窗及洞口

①查出门窗材质及细部尺寸等。若自己统计出门窗数量与图中门窗表数量不一致时，应再次根据建筑平面图、立面图等施工图统计，确认自己统计出数量无误后，以自己统计出数量为准进行下一步计算。部位应以墙体材质、墙体厚度、装修做法等的不同来划分。

②门窗面积及扣除洞口面积计算根据墙体材质、墙体厚度、装修做法、部位等的不同并结合当地预算定额规定分别计算。

(2)混凝土构件

①根据图示，分别按部位查清并统计各类、各规格预制混凝土构件件数。结合有关标准图纸分别计算各种构件的体积。

②根据图示，分别按部位查清、统计并计算各种现浇混凝土构件的体积。部位应以墙体材质、墙体厚度等的不同来划分。

(3)基数数据计算

①计算外墙外边线长及有关工程量计算

a. 外墙墙裙面积 = ∑(外墙外边线长 × 墙裙高度 − 应扣除面积 + 应增加面积)

b. 外墙勾缝面积 = ∑外墙外边线长 × 勾缝高度

c. 散水面积 =(外墙外边线长 + 散水宽度外墙 ×4 − 台阶宽度) × 散水宽度

d. 外墙中心线长 = 外墙外边线长 − 两端墙厚度之和 ÷2

e. 外墙中心线总长 = 外墙外边线总长 − 外墙平均厚度 ×4

f. 外墙抹灰面积 = ∑(外墙外边线长 × 抹灰高度 − 应扣除面积 + 应增加面积)

②计算外墙中心线长及有关工程量计算

a. 外墙基槽底面积 = ∑外墙中心线长 × 槽底宽 − 基槽原土打夯面积

b. 外墙基槽挖土方体积 1 = ∑外墙中心线长 ×(槽断面面积 + 单侧放坡宽度 × 放坡高度)

外墙基槽挖土方体积 2 = ∑外墙中心线长 × 基础垫层断面面积

c. 外墙基础砌砖体积 = ∑(外墙中心线长 × 砖基础断面面积 − 地梁、柱所占体积)

d. 外墙基础垫层体积 = ∑外墙中心线长 × 基础垫层宽 × 基础垫层厚

e. 外墙基础平面防潮层面积 = ∑外墙中心线长 × 墙厚

f. 外墙砌体体积 = ∑(外墙中心线长 × 墙高 − 门窗洞口及空圈面积) × 墙厚 − 混凝土构件所占体积

g. 女儿墙砌体体积 = ∑外墙中心线长 × 墙高 × 墙厚 − 混凝土构件所占体积

③计算内墙净长线长及有关工程量计算

a. 内墙基槽底面积 = ∑内墙槽净长线长 × 槽底宽

b. 内墙基槽挖土方体积 1 = ∑内墙槽净长线长 ×(槽断面面积 + 单侧放坡宽度 × 放坡高度)

内墙基槽挖土方体积 2 = ∑内墙基础垫层净长线长 × 基础垫层断面面积

c. 内墙基础砌砖体积 = ∑内墙净长线长 × 砖基础断面面积 - 地梁、柱所占体积

d. 外墙基础垫层体积 = ∑内墙基础垫层净长线长 × 基础垫层宽 × 基础垫层厚

e. 外墙基础平面防潮层面积 = ∑内墙净长线长 × 墙厚

f. 内墙砌体体积 = ∑(内墙净长线长 × 墙高 - 门窗洞口及空圈面积) × 墙厚 - 混凝土构件所占体积

g. 内墙抹灰面积 = ∑内墙净长线长 × 墙净高 - 门窗洞口及空圈面积

④首层建筑面积及有关工程量计算

a. 场地平整面积 = 首层建筑面积

b. 地面面积 = 首层建筑面积 - 墙体面积

c. 地面回填土体积 = 地面面积 × 厚度

d. 地面垫层体积 = 地面面积 × 厚度

以上只列出部分以“三线一面”为基础的计算公式，读者可根据当地预算定额的规定及一些具体情况列出其他一些公式。

5

土建工程施工图的预算编制

5.1 建筑面积计算规则及预算定额的几项通用规定

5.1.1 建筑面积的概念

建筑面积亦称建筑展开面积，是建筑物各层面积的总和。建筑面积包括使用面积、辅助面积和结构面积三部分。

(1)使用面积

使用面积是指建筑物各层平面中直接为生产或生活使用的净面积之和。例如，住宅建筑中的居室、客厅、书房、卫生间、厨房等。

(2)辅助面积

辅助面积是指建筑物各层平面中辅助生产或辅助生活所占净面积之和。例如，住宅建筑中的楼梯、走道等。使用面积与辅助面积之和称有效面积。

(3)结构面积

结构面积是指建筑物各层平面中的墙、柱等所占面积之和。

5.1.2 算建筑面积的规定

《建筑工程建筑面积计算规范》为国家标准，编号为 GB/T50353—2005，自 2005 年 7 月 1 日起实施。《建筑工程建筑面积计算规范》主要规定了计算建筑面积的范围和规定、计算部分建筑面积的范围和规定、不计算建筑面积的范围和规定三个方面的内容。具体规定如下。

(1)计算建筑面积的范围

①单层建筑物的建筑面积，应按其外墙勒脚以上结构外围水平面积计算，并应符合下列规定：

a. 建筑物高度在 2.20m 及以上者应计算全面积；高度不足 2.20m 者应计算 1/2 面积。

b. 用坡屋顶内空间时净高超过 2.10m 的部位应计算全面积；净高在 1.20～2.10m 的部位应计算 1/2 面积；净高不足 1.20m 的部位不应计算面积。

注：该规范规定建筑面积的计算是以勒脚以上外墙结构外边线计算。勒脚是墙根部很矮的一部分墙体加厚，不能代表整个外墙结构，因此要扣除勒脚墙体加厚的部分。净高指楼面或地面至上部楼板底或吊顶底面之间垂直距离。

例 1：求图 5-1 的建筑面积

解：$S=(15+0.24)\times(5+0.24)=79.86m^2$

例 2：求图 5-2 的建筑面积

解：$S=5.5\times(6.9+0.24)+2.7\times(6.9+0.24)\times0.5\times2$ $=57.83m^2$

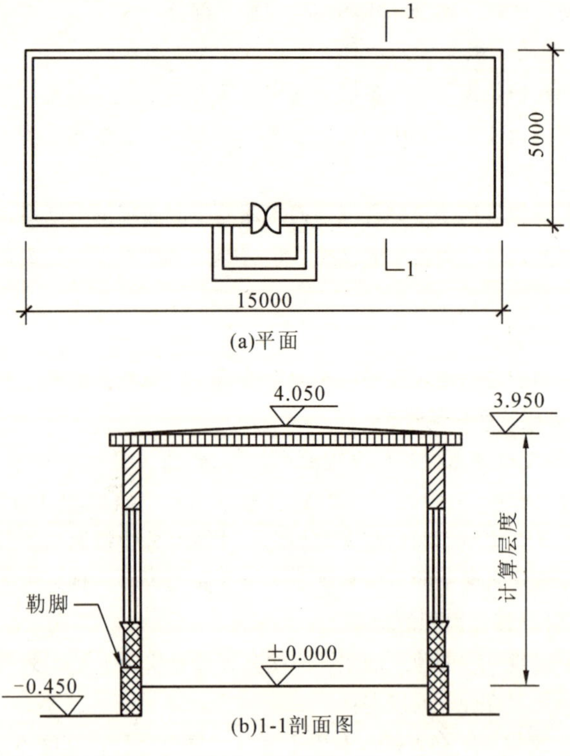

图 5-1 单层建筑物示意图

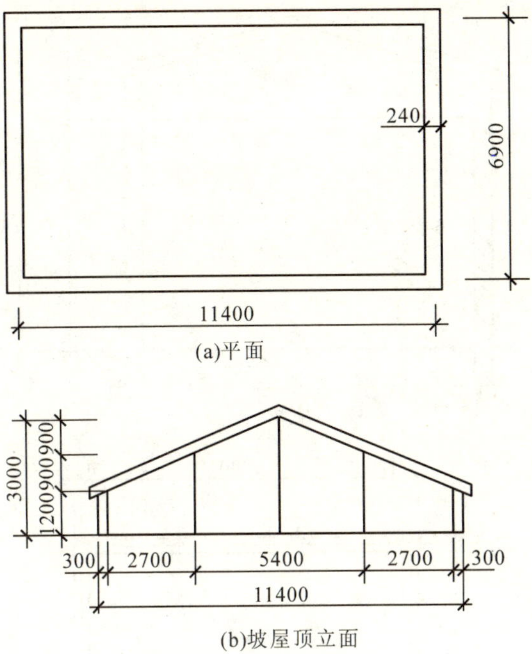

图 5-2 单层建筑物示意图

例 3：求图 5-3 的建筑面积

解：$S=(4.2+0.24)\times(6+0.24)=27.71\text{m}^2$

②单层建筑物内设有局部楼层者，局部楼层的二层及以上楼层，有围护结构的应按其围护结构外围水平面积计算，无围护结构的应按其结构底板水平面积计算。层高在 2.20m 及以上者应计算全面积；层高不足 2.20m 者应计算 1/2 面积。

例 4：求图 5-4 设有局部楼层的单层平屋顶建筑物的建筑面积

解：$S=(20+0.24)\times(10+0.24)+(5+0.24)\times(10+0.24)=260.92\text{m}^2$

③多层建筑物首层应按其外墙勒脚以上结构外围水平面积计算；二层及以上楼层应按其外墙结构外围水平面积计算。层高在 2.20m 及以上者应计算全面积；层高不足 2.20m 者应计算 1/2 面积。

注：多层建筑物的建筑面积计算应按不同的层高分别计算。层高是指上下两层楼面结构标高之间的垂直距离。建筑物最底层的层高，

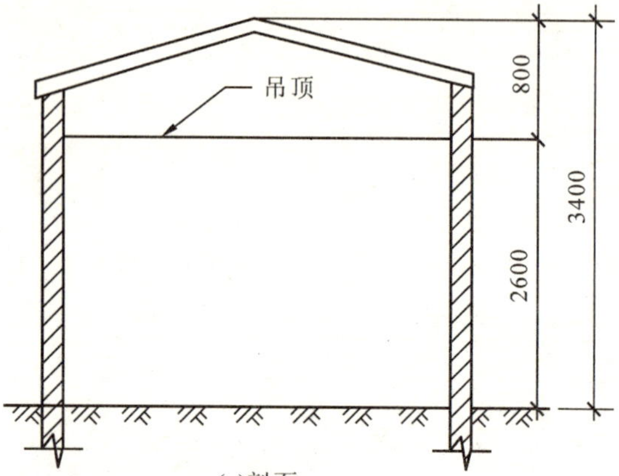

(a)剖面

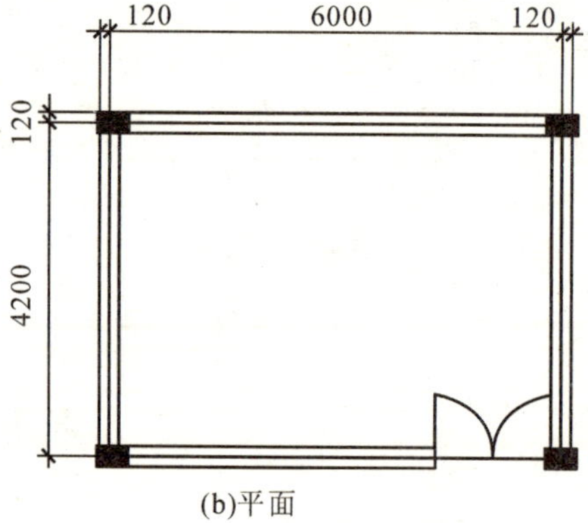

(b)平面

图 5-3 单层建筑物示意图

有基础底板的按基础底板上表面结构至上层楼面的结构标高之间的垂直距离；没有基础底板指地面标高至上层楼面结构标高之间的垂直距离，最上一层的层高是其楼面结构标高至屋面板板面结构标高之间的垂直距离，遇有以屋面板找坡的屋面，层高指楼面结构标高至屋面板最低处板面结构标高之间的垂直距离。

④多层建筑坡屋顶内和场馆看台下，当设计加以利用时净高超过 2. 10m 的部位应计算全面积；净高在 1. 20 ~ 2. 10m 的部位应计算 1/2 面积；当设计不利用或室内净高不足 1. 20m 时不应计算面积。

注：多层建筑坡屋顶内和场馆看台下的空间应视为坡屋顶内的空

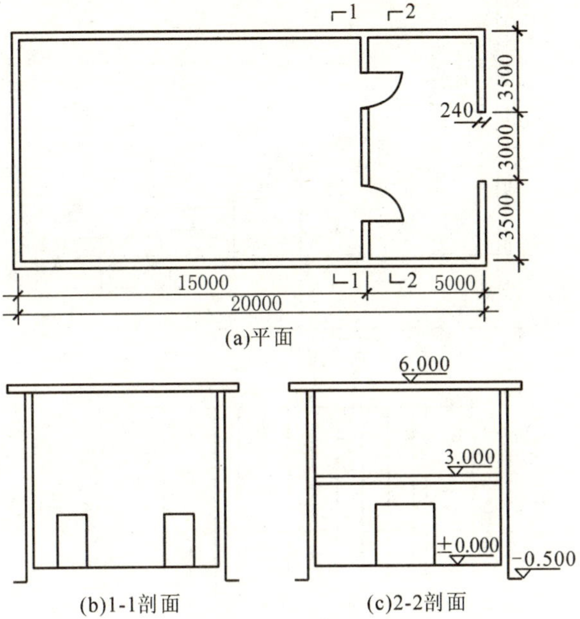

图 5-4 有局部楼层的单层平屋顶建筑物示意图

间，设计加以利用时，应按其净高确定其面积的计算。设计不利用的空间，不应计算建筑面积。

例 5：求利用的建筑物场馆看台下的建筑面积(图 5-5)

解：$S=8\times(5.3+1.6\times0.5)=48.8m^2$

⑤地下室、半地下室(车间、商店、车站、车库、仓库等)，包括相应的有永久性顶盖的出入口，应按其外墙上口(不包括采光井、外墙防潮层及其保护墙)外边线所围水平面积计算。层高在 2.20m 及以上者应计算全面积；层高不足 2.20m 者应计算 1/2 面积。

⑥坡地的建筑物吊脚架空层、深基础架空层，设计加以利用并有围护结构的，层高在 2.20m 及以上的部位应计算全面积；层高不足 2.20m 的部位应计算 1/2 面积。设计加以利用、无围护结构的建筑吊脚架空层，应按其利用部位水平面积的 1/2 计算；设计不利用的深基础架空层、坡地吊脚架空层、多层建筑坡屋顶内、场馆看台下的空间不应计算面积。如图 5-6、图 5-7 所示。

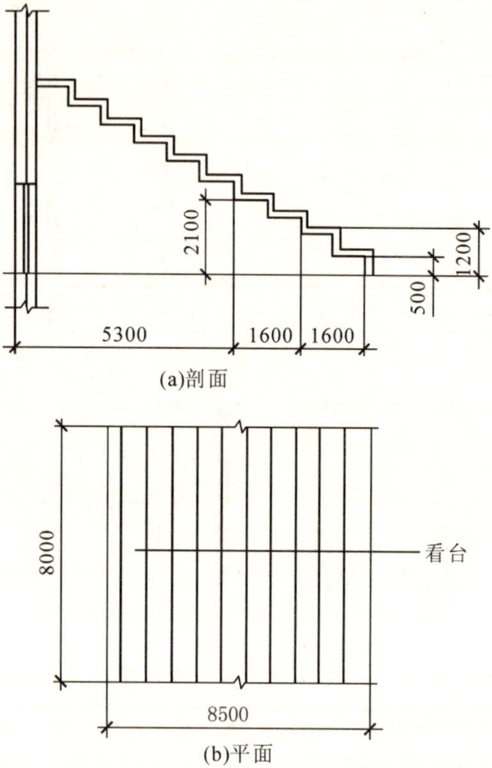

图 5-5　利用的建筑物场馆看台下的建筑面积示意图

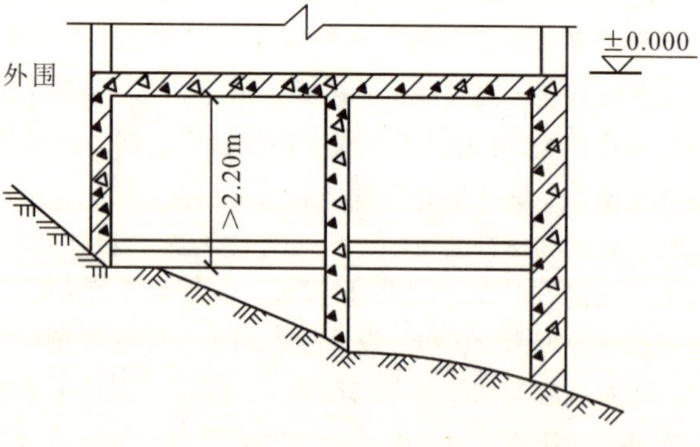

图 5-6　坡地建筑物示意图

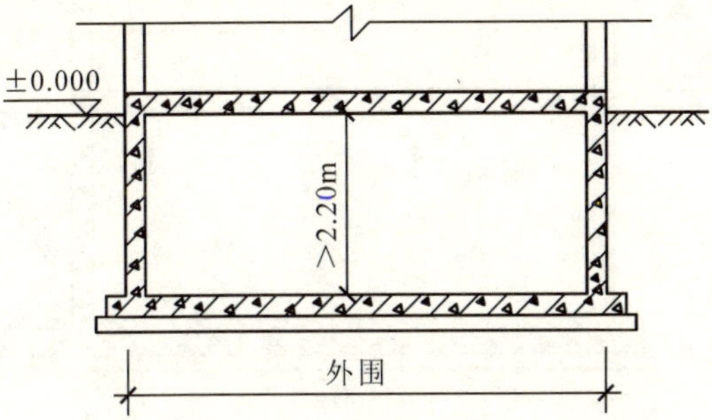

图 5-7 深基础作地下架空层示意图

例 6：求利用深基础作架空层的建筑面积(图 5-8)

解：$S=(4.2+0.24)\times(6+0.24)=27.71m^2$

例 7：求利用的吊脚架空层的建筑面积(图 5-9)

解：$S=(5.440\times2.8+4.53\times1.48)\times0.5=10.97m^2$

例 8：求利用的坡地建筑吊脚架空层的建筑面积(图 5-10)

解：$S=(11.997+1.689\times0.5)\times5.24+(14.668+1.645\times0.5)\times5.24=148.46m^2$

⑦建筑物的门厅、大厅按一层计算建筑面积。门厅、大厅内设有回廊时，应按其结构底板水平面积计算。层高在 2.20m 及其以上者应计算全面积；层高不足 2.20m 者应计算 1/2 面积。

例 9：求回廊的建筑面积(图 5-11)

解：若层高不小于 2.20m，则回廊面积为：

$S=(15-0.24)\times1.6\times2+(10-0.24-1.6\times2)\times1.6\times2=68.22m^2$

若层高小于 2.20m，则回廊面积为：

$S=[(15-0.24)\times1.6\times2+(10-0.24-1.6\times2)\times1.6\times2]\times0.5=34.11m^2$

⑧建筑物间有围护结构的架空走廊，应按其围护结构外围水平面积计算。层高在 2.20m 及以上者应计算全面积；层高不足 2.20m 者应计算 1/2 面积。有永久性顶盖无围护结构的应按其结构底板水平面积的 1/2 计算。

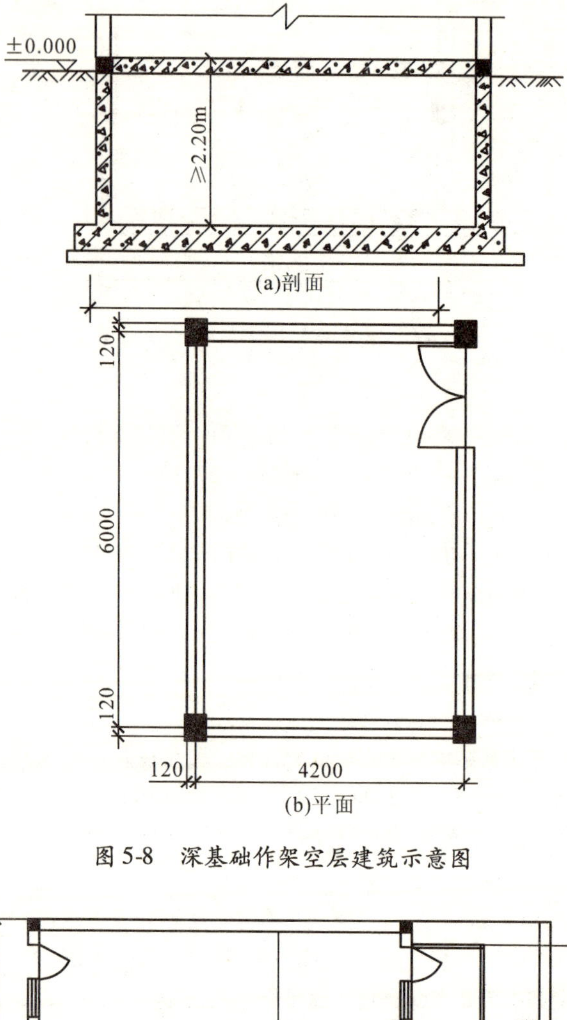

图 5-8 深基础作架空层建筑示意图

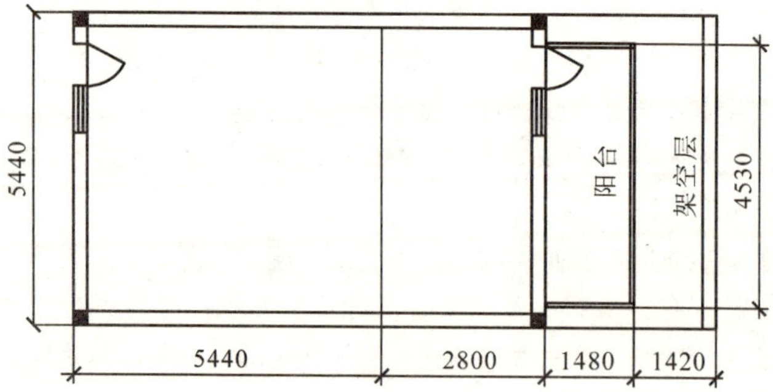

(a)平面

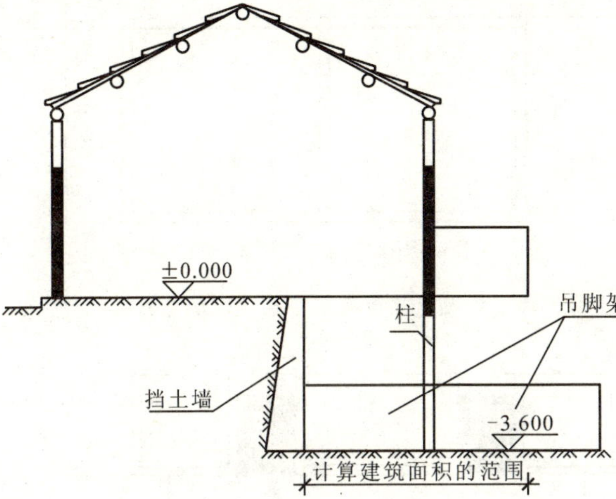

(b)剖面

图 5-9 坡地建筑吊脚架空层建筑示意图(一)

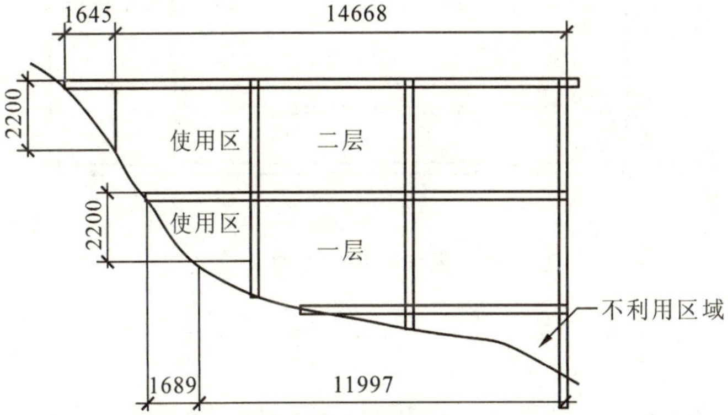

(a)剖面

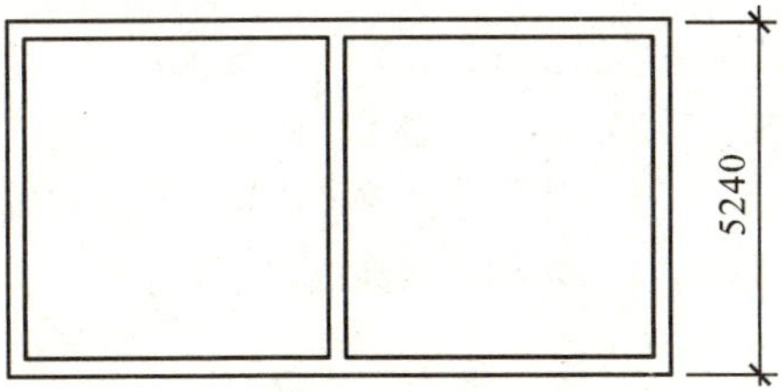

(b)吊脚架空层一层平面

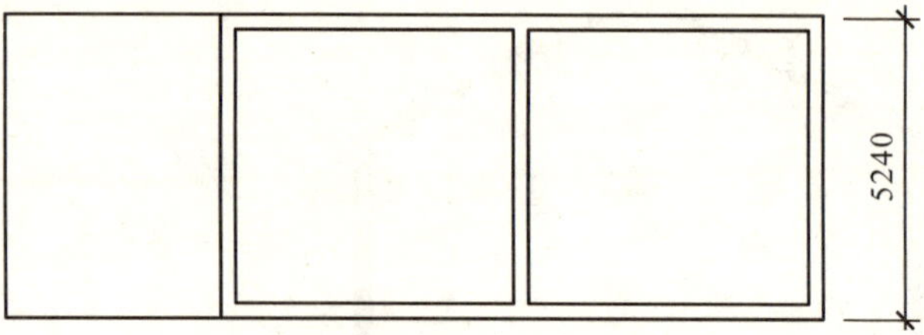

(c)吊脚架空层二层平面

图 5-10 坡地建筑吊脚架空层建筑示意图(二)

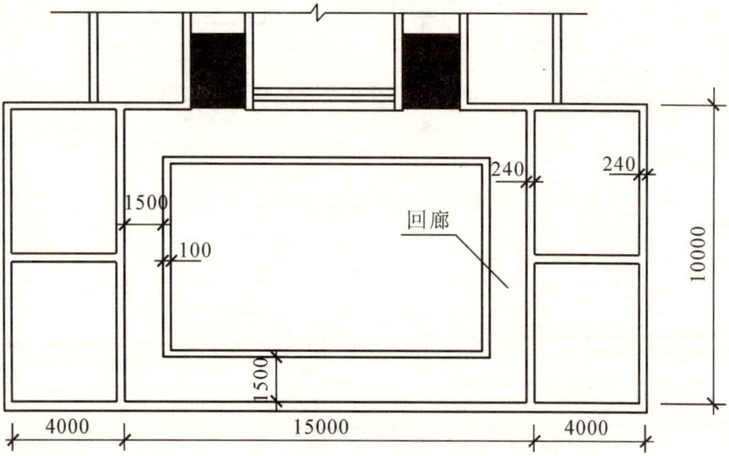

图 5-11 带回廊的二层平面示意图

例 10：已知架空走廊的层高 3m，求架空走廊的建筑面积(图 5-12)

解：$S=(6-0.24)\times(3+0.24)=18.66\text{m}^2$

⑨立体书库、立体仓库、立体车库，无结构层的应按一层计算，有结构层的应按其结构层面积分别计算。层高在 2.20m 及以上者应计算全面积；层高不足 2.20m 者应计算 1/2 面积。

注：立体车库、立体仓库、立体书库不规定是否有围护结构，均按是否有结构层并且应区分不同的层高确定建筑面积计算的范围。

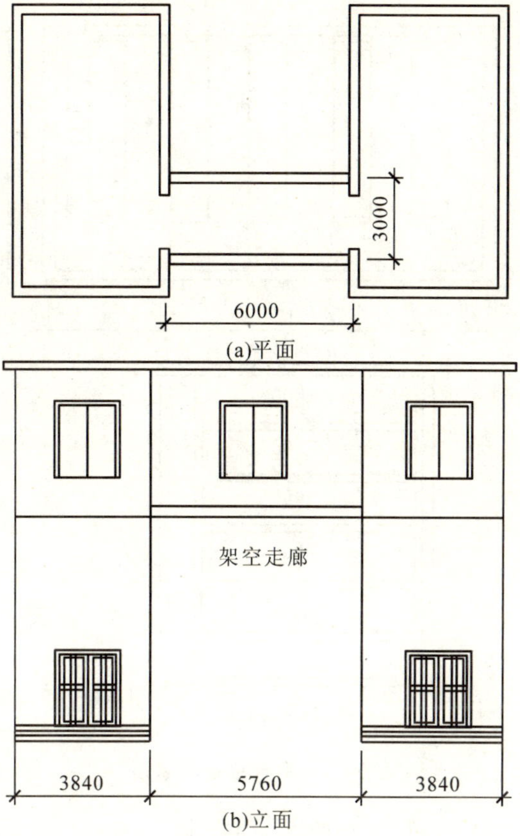

图 5-12 有架空走廊建筑的示意图

例 11：求货台的建筑面积(图 5-13)

解：$S=4.5\times1\times5\times0.5\times5=56.25\text{m}^2$

⑩有围护结构的舞台灯光控制室，应按其围护结构外围水平面积计算。层高在 2.20m 及以上者应计算全面积；层高不足 2.20m 者应计算 1/2 面积。

⑪筑物外有围护结构的落地橱窗、门斗、挑廊、走廊、檐廊，应按其围护结构外围水平面积计算。层高在 2.20m 及以上者应计算全面积；层高不足 2.20m 者应计算 1/2 面积。有永久性顶盖无围护结构的应按其结构底板水平面积的 1/2 计算。

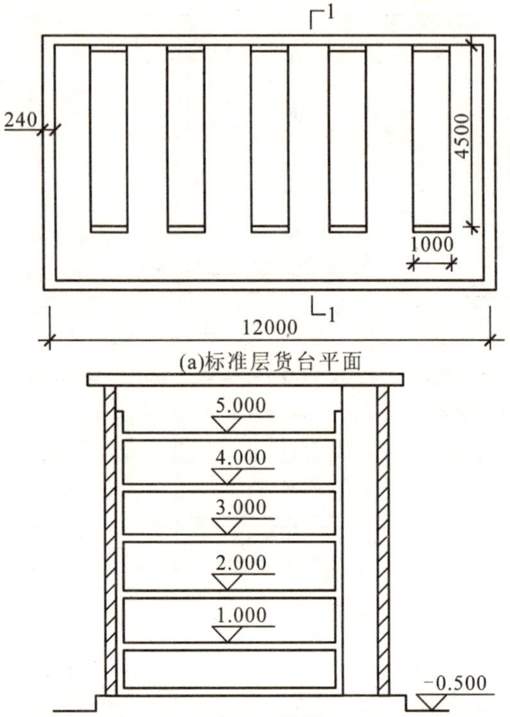

图 5-13 货台建筑示意图

例 12：求门斗和水箱间的建筑面积(图 5-14)

解：门斗面积：$S = 3.5 \times 2.5 = 8.75m^2$

水箱间面积：$S = 2.5 \times 2.5 \times 0.5 = 3.13m^2$

⑫有永久性顶盖无围护结构的场馆看台应按其顶盖水平投影面积的 1/2 计算。如图 5-15 所示。

注：本条所称“场馆”实质上是指“场”(如足球场、网球场等)，看台上有永久性顶盖部分。“馆”应是有永久性顶盖和围护结构的，应按单层或多层建筑相关规定计算面积。

⑬建筑物顶部有围护结构的楼梯间、水箱间、电梯机房等，层高在 2.20m 及以上者应计算全面积；层高不足 2.20m 者应计算 1/2 面积。

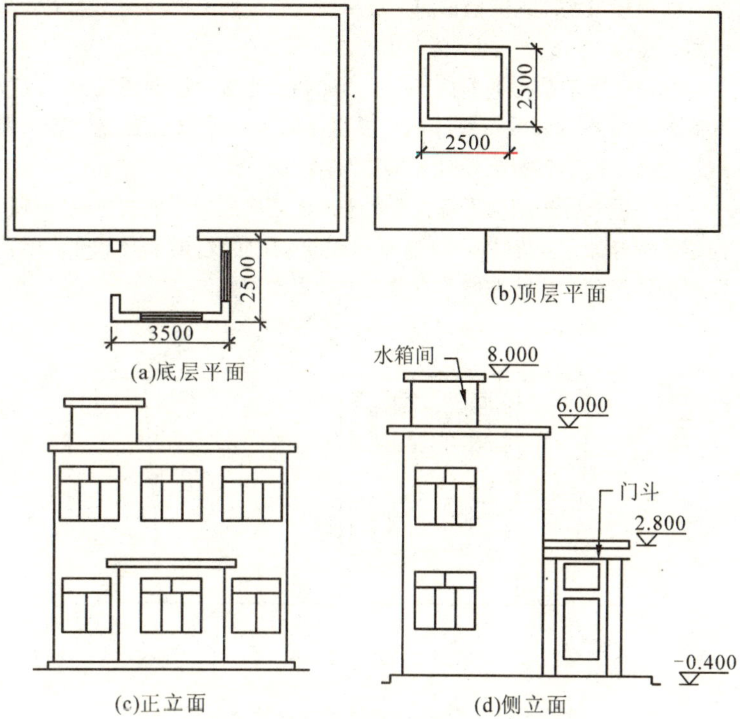

图 5-14 门斗、水箱间

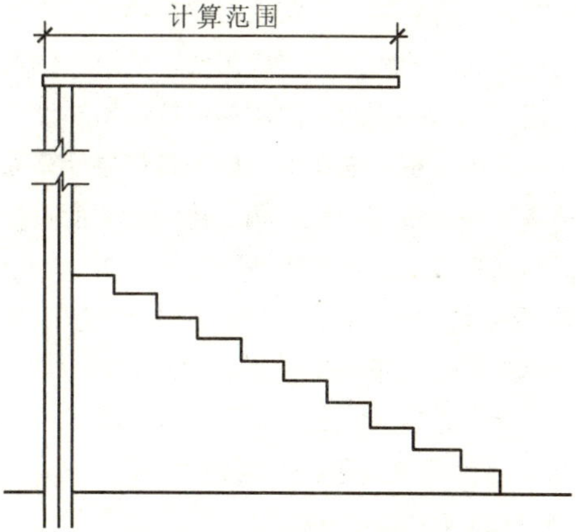

图 5-15 场馆看台剖面示意图

注：如遇建筑物屋顶的楼梯间是坡屋顶，应按坡屋顶的相关条文计算面积。

⑭设有围护结构不垂直于水平面而超出底板外沿的建筑物，应按其底板面的外围水平面积计算。层高在2.20m及以上者应计算全面积；层高不足2.20m者应计算1/2面积。

注：设有围护结构不垂直于水平面而超出底板外沿的建筑物是指向建筑物外倾斜的墙体。若遇有向建筑物内倾斜的墙体(图5-16)，应视为坡屋顶，应按坡屋顶有关条文计算面积。

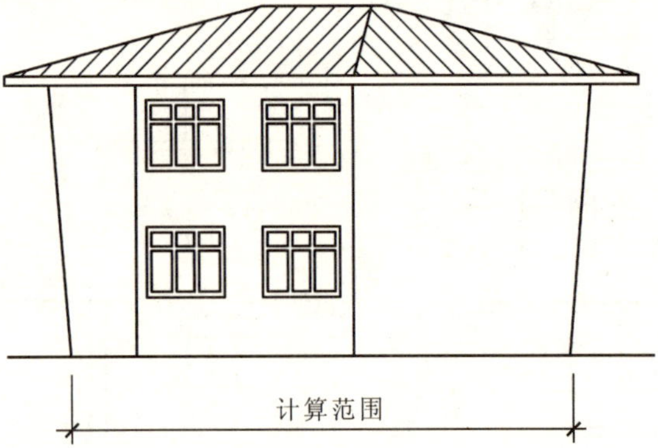

图5-16　外墙外倾斜建筑物立面示意图

⑮建筑物内的室内楼梯间、电梯井、观光电梯井、提物井、管道井、通风排气竖井、通风道、附墙烟囱应按建筑物的自然层计算。

注：室内楼梯间的面积计算，应按楼梯依附的建筑物的自然层数计算；遇跃层建筑，其共用的室内楼梯应按自然层计算面积；上下两错层户室共用的室内楼梯，应选上一层的自然层计算面积。

⑯雨篷结构的外边线至外墙结构外边线的宽度超过2.10m者，应按雨篷结构板的水平投影面积的1/2计算。

注：雨篷均以其宽度超过2.10m或不超过2.10m衡量，超过2.10m者应按雨篷的结构板水平投影面积的1/2计算。有柱雨篷和无柱雨篷计算应一致。

例13：求雨篷的建筑面积(图5-17)

解 $S=2.5\times1.5\times0.5=1.88m^2$

⑰有永久性顶盖的室外楼梯，应按建筑物自然层的水平投影面积

的1/2计算。

注：室外楼梯，最上层楼梯无永久性顶盖或不能完全遮盖楼梯的雨篷，上层楼梯不计算面积。上层楼梯可视为下层楼梯的永久性顶盖，下层楼梯应计算面积。

例14：某三层建筑物，室外楼梯有永久性顶盖，求室外楼梯的建筑面积(图5-18)

解：$S=(4-0.12)\times 6.8\times 0.5\times 2=26.38m^2$

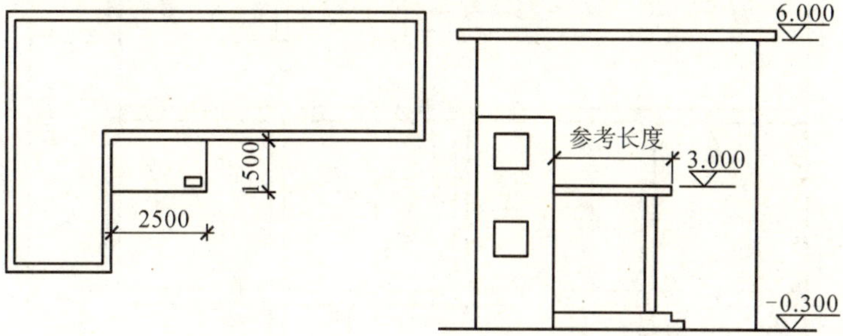

(a)平面 (b)南立南

图5-17 雨篷建筑示意图

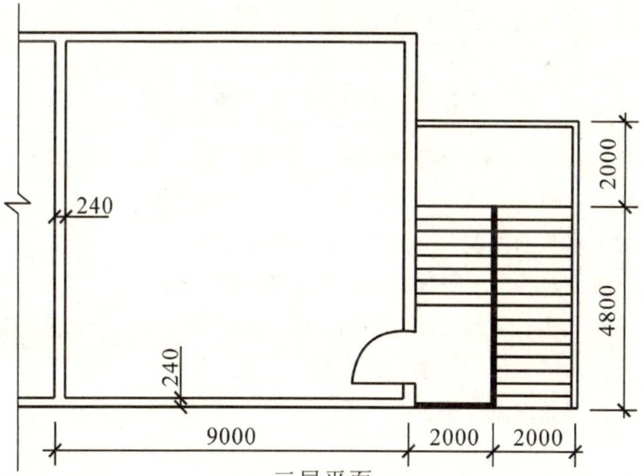

三层平面

图5-18 室外楼梯建筑示意图

⑱建筑物的阳台均应按其水平投影面积的1/2计算。

注：建筑物的阳台，不论是凹阳台、挑阳台、封闭阳台、不封闭

阳台均按其水平投影面积的 1/2 计算。

例 15：求某层建筑物阳台的建筑面积(图 5-19)

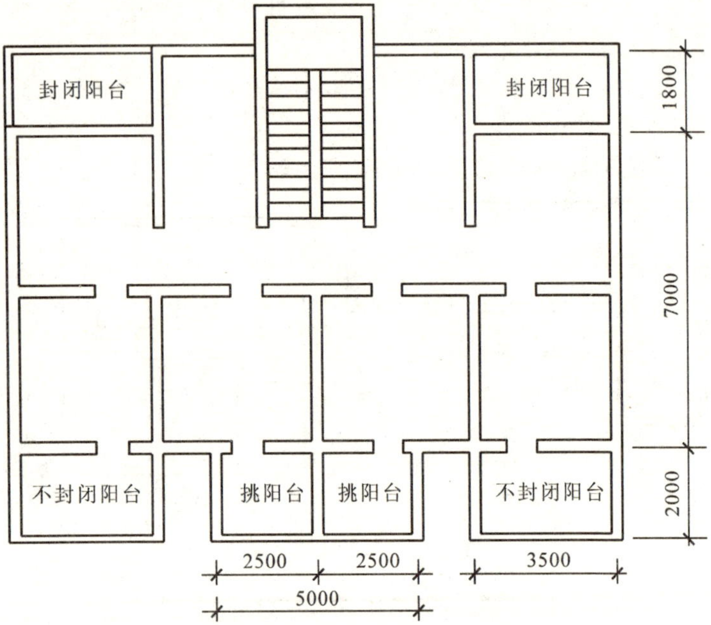

图 5-19 建筑物阳台平面示意图

解：$S=(3.5+0.24)\times(2-0.12)\times0.5\times2+3.5\times(1.8-0.12)\times0.5\times2+(5+0.24)\times(2-0.12)\times0.5=17.84\text{m}^2$

⑲有永久性顶盖无围护结构的车棚、货棚、站台、加油站、收费站等，应按其顶盖水平投影面积的 1/2 计算。

注：车棚、货棚、站台、加油站、收费站等，不以柱来确定面积的计算，而依据顶盖的水平投影面积计算。在车棚、货棚、站台、加油站、收费站内设有围护结构的管理室、休息室等，另按相关条款计算面积。

例 16：求货棚的建筑面积(图 5-20)

解：$S=(8+0.3+0.5\times2)\times(24+0.3+0.5\times2)\times0.5=117.65\text{m}^2$

例 17：求站台的建筑面积(图 5-21)

解：$S=7\times12\times0.5=42\text{m}^2$

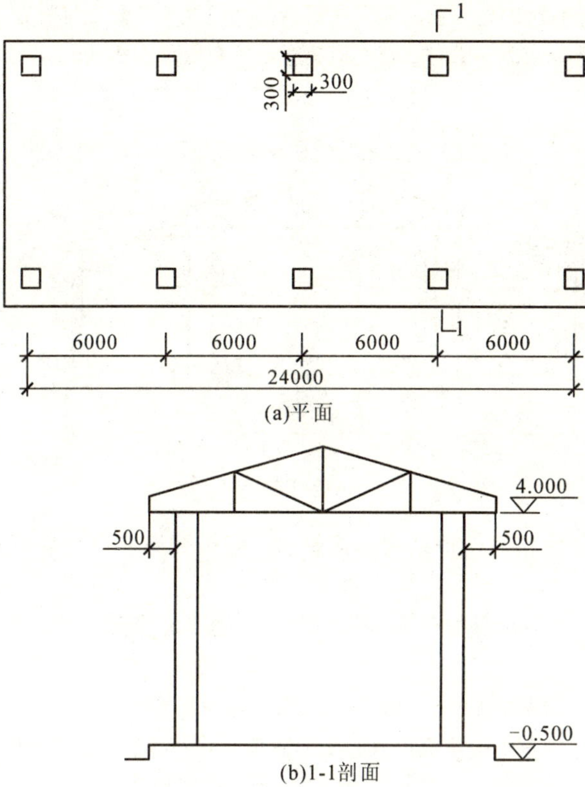

(a)平面

(b)1-1剖面

图 5-20 货棚建筑示意图

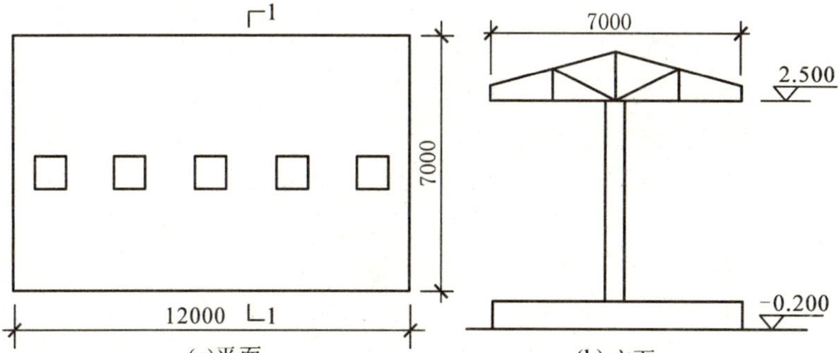

(a)平面

(b) 立面

图 5-21 站台建筑示意图

⑳高低联跨的建筑物，应以高跨结构外边线为界分别计算建筑面积；其高低跨内部连通时，其变形缝应计算在低跨面积内。如图 5-22 所示。

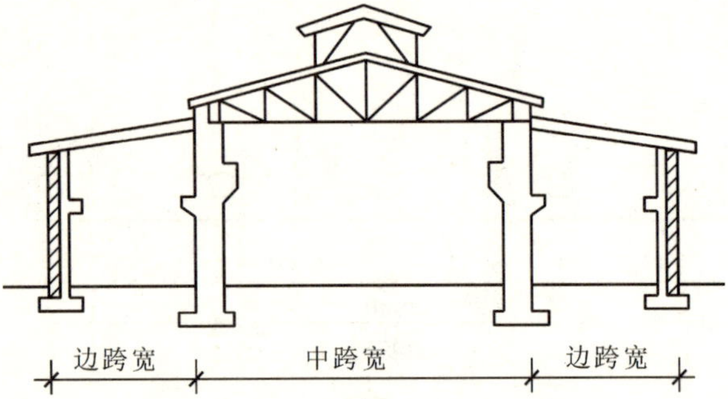

图 5-22 高低联跨计算建筑面积图

㉑以幕墙作为围护结构的建筑物，应按幕墙外边线计算建筑面积。

㉒建筑物外墙外侧有保温隔热层的，应按保温隔热层外边线计算建筑面积。

建筑物内的变形缝，应按其自然层合并在建筑物面积内计算。

注：本规范所指建筑物内的变形缝是与建筑物相连通的变形缝，即暴露在建筑物内，在建筑物内可以看得见的变形缝。

例 18：求外墙设有保温隔热层的建筑物的建筑面积(图 5-23)

解：$S = 3.4 \times 4 = 13.6\text{m}^2$

(2)下列项目不应计算面积：

①筑物通道(骑楼、过街楼的底层)。

②筑物内的设备管道夹层。

③筑物内分隔的单层房间，舞台及后台悬挂幕布、布景的天桥、挑台等。

④花架、凉棚、露台、露天游泳池等。

⑤筑物内的操作平台、上料平台、安装箱和罐体的平台。

⑥附墙柱、垛、台阶、墙面抹灰、装饰面、镶贴块料面层、装饰性幕墙、空调机外机搁板(箱)、飘窗、构件、配件、宽度在 2.10m 及以内的雨篷以及与建筑物内不相连通的装饰性阳台、挑廊。如图 5-24 所示。

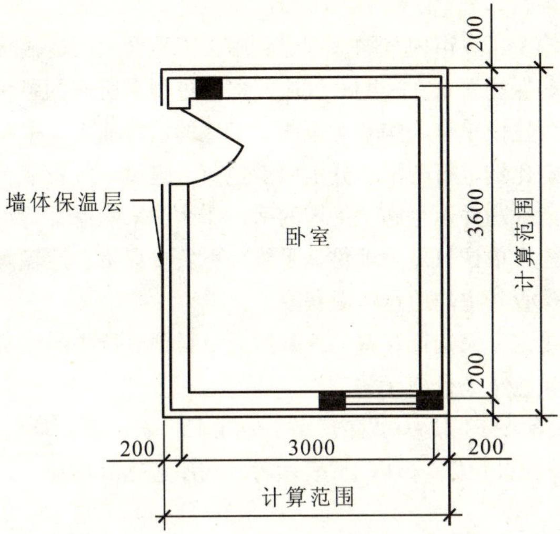

图 5-23 外墙保温隔热层示意图

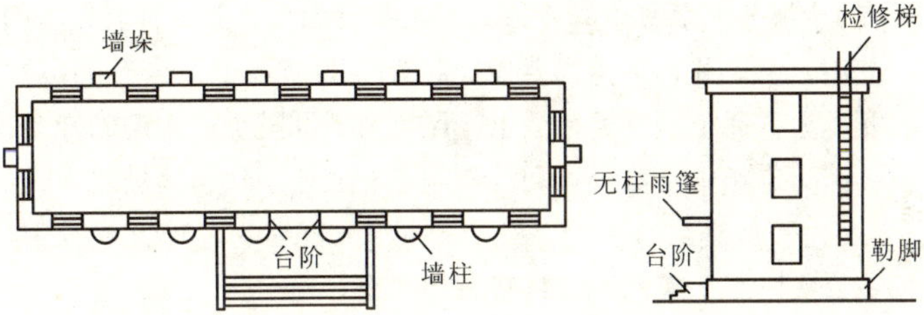

图 5-24 不计建筑面积的构示意图

⑦带顶盖的架空走廊、室外楼梯和用于检修、消防等的室外钢楼梯、爬梯。

⑧扶梯、自动人行道等。

⑨囱、烟道、地沟、油(水)罐、气柜、水塔、贮油(水)池、贮仓、栈桥、地下人防通道、地铁隧道等。

5.1.3 算定额的几项通用规定

(1)材料预算价格：是指建筑材料运至施工工地仓库后的出库价格，由供应价、运费、采购保管费等三部分组成。

①供应价：包括材料原价、包装费、运杂费(到达市内供销部门

以前的运杂费)、供销部门经销费用。

②运输费：自市内采购供货点到施工工地仓库的运输费用。

③采购保管费：在采购、供应及保管过程中所需的各种费用；若建筑材料为建设单位采购并运至施工工地的话，那么，采购保管费应按有关规定比例进行分配，分别由承包商、建设单位获取；若建筑材料为承包商采购并运至施工工地的话，那么，采购保管费均由承包商获取；若建设单位只是办理付款手续并不负责提货、运输等工作，那么，采购保管费也均由承包商获取。

一般规定，采购保管费计算基数为材料预算价中的供应价，而与材料实际采购市场价格无关。

(2)定额中，以“xxx 以内”或“xxx 以下”表示者，均包括“xxx 本身”；“xxx 以外”或“xxx 以上”表示者，均不包括其本身。

5.2 土石方工程

5.2.1 土壤及岩石分类(见表 5-1)

(1)土壤按其名称、开挖方式及工具分为Ⅰ、Ⅱ、Ⅲ、Ⅳ等四类。

其中，Ⅰ、Ⅱ、Ⅲ类为普硬土，Ⅳ类为坚硬土；也有的定额中，Ⅰ、Ⅱ类为普通土，Ⅲ类为坚土，Ⅳ类为砂砾坚土。无论怎样分都没关系，因为定额中土壤分类和放坡起点、放坡系数选择是对应的。

(2)岩石按其名称、轻钻孔机钻进 1m 耗时、开挖方式及工具分为松石、次坚石、普坚石、特坚石等四类。

表5-1 土壤及岩石(普氏)分类

定额分类	普氏分类	土壤及岩石名称	天然湿度下平均容重 (kg/m^3)	极限压碎强度 (kg/m^2)	用轻钻孔机钻进 1m 耗时(min)	开挖方式及工具	紧固系数 (i)
普硬土	Ⅰ	砂 砂壤土 腐殖土 泥炭	1500 1600 1200 600			用尖锹开挖	0.5 ~0.6

（续）

定额分类	普氏分类	土壤及岩石名称	天然温度下平均容重（kg/m³）	极限压碎强度（kg/m²）	用轻钻孔机钻进1m耗时（min）	开挖方式及工具	紧固系数（i）
普硬土	Ⅱ	轻壤土和黄土类土	1600			用锹开挖并少数用镐开挖	0.6 ~0.8
		潮湿而松散的黄土，软的盐渍土和碱土	1600				
		平均15mm以内的松散而软的砾石	1700				
		有草根的密实腐殖土	1400				
		含有直径在30mm以内根类的泥炭和腐殖土	1100				
		掺有卵石、碎石和石屑的砂和腐殖土	1650				
		含有卵石或碎石杂质的胶结成块的填土	1750				
		含有卵石、碎石和建筑料杂质的砂壤土	1900				
	Ⅲ	肥黏土其中包括石炭纪、侏罗纪的黏土和冰黏土	1800			用尖锹并同时用镐开挖（30%）	0.81 ~1.0
		重壤土、粗砾石，粒径为15~40的碎石和卵石	1750				
		干黄土和掺有碎石或卵石的自然含水量黄土	1790				
		含有直径大于30mm根类的腐殖土或泥炭	1400				
		掺有碎石或卵石和建筑碎料的土壤	1900				
坚硬土	Ⅳ	土含碎石重粘土，其中包括侏罗纪和石炭纪的硬粘土	1950			用尖锹并同时用镐和橇棍开挖（30%）	1.0 ~1.5
		含有碎石、卵石、建筑碎料和重达25kg的顽石（总体积10%以内）等杂质的	1950				

（续）

定额分类	普氏分类	土壤及岩石名称	天然温度下平均容重（kg/m³）	极限压碎强度（kg/m²）	用轻钻孔机钻进1m耗时（min）	开挖方式及工具	紧固系数（i）
坚硬土	Ⅳ	肥黏土和重填土 冰渍黏土，含有重量在50kg以内的巨砾 其含量为总面积10%以内泥板岩 不含或含有重量达10kg的顽石	2000 2000 1950				
松石	Ⅴ	含有重量在50kg以内的巨砾（占体积10%以上）的冰渍石 砂藻石和软白垩石 胶结力弱的砾岩 各种不坚实的片岩 石膏	2100 1000 1900 2600 2200	小于200	小于3.5	部分用手凿工具，部分用爆破开挖	1.5~2.0
次坚石	Ⅵ	凝灰岩和浮石 松软多孔和裂隙严重的石灰岩和介质石灰岩 中等硬变的片岩 中等硬变的泥灰岩	1100 1200 2700 2300	200~400	3.5	用风镐和爆破法开挖	2~4
	Ⅶ	石灰石胶结的带有卵石和沉积岩的砾石 风化的和有大裂缝的黏土质砂岩 坚实的泥板岩 坚实的泥板岩	2200 2000 2800 2500	400~600	6.0	用爆破方法开挖	4~6
	Ⅷ	砾质花岗岩 泥灰质石灰岩 黏土质砂岩 砂质去母片岩 硬石膏	2300 2300 2200 2300 2900	600~800	8.5	爆破方法开挖	6~8

（续）

定额分类	普氏分类	土壤及岩石名称	天然湿度下平均容重（kg/m³）	极限压碎强度（kg/m²）	用轻钻孔机钻进1m耗时（min）	开挖方式及工具	紧固系数（i）
普坚石	Ⅸ	严重风化的软弱的花岗岩、片麻岩和正长岩 滑石化的蛇纹岩 致密的石灰岩 含有卵石、沉积岩的渣质胶结的砾岩 砂岩 砂质石灰质片岩 菱镁矿	2500 2400 2500 2500 2500 2500 3000	800～1000	11.5	用爆破方法开挖	8～10
	Ⅹ	白云石 坚固的石灰岩 大理石 石灰质胶结的致密砾石 坚固砂质片岩	2700 2700 2700 2600 2600	1000～1200	15.0	用爆破方法开挖	10～12
普坚石	Ⅺ	粗花岗岩 非常坚硬的白云岩 蛇纹岩 石灰质胶结的含有火成岩之卵石的砾石 石英胶结的坚固砂石 粗粒正长岩	2800 2900 2600 2800 2700 2700	1200～1400	18.5	用爆破方法开挖	12～14
	Ⅻ	具有风化痕迹的安山岩和玄武岩 片麻岩 非常坚固的石炭岩 硅质胶结的含有火成岩之卵石的砾岩 粗石岩	2700 2600 2900 2900 2600	1400～1600	22.0	用爆破方法	14～16

（续）

定额分类	普氏分类	土壤及岩石名称	天然温度下平均容重（kg/m^3）	极限压碎强度（kg/m^2）	用轻钻孔机钻进1m耗时（min）	开挖方式及工具	紧固系数（i）
普坚石	XⅢ	中粒花岗岩 坚固的片麻岩 辉绿岩 玢岩 坚固的粗面岩 中粒正长岩	3100 2800 2700 2500 2800 2800	1600～1800	27.5	用爆破方法开挖	16～18
	XⅣ	非常坚固的细粒花岗岩 花岗岩麻岩 闪长岩 高硬度的石灰岩 坚固的玢岩	3300 2900 2900 3100 2700	1800～2000	32.5	用爆破方法	18～20
	20X～V25	安山岩、玄武岩、坚固的角页岩 高硬度的辉绿岩和闪长岩 坚固的辉长岩和石英岩	3100 2900 2800	2000～2500	46.0	用爆破方法开挖	20～25
	XⅥ	拉长玄武岩和橄榄玄武岩 特别坚固的辉长辉绿岩、石英石和玢岩	3300 3300	大于2500	大于60	用爆破方法开挖	大于25

5.2.2 人工土、石方

(1)平整场地是指为了便于施工放线，对施工场地高低不平进行平整，铲除影响施工的树根杂草等障碍物，厚度在±30cm以内的就地挖、填土方及找平。其工程量按建筑物底面积，以平方米计。

如单位工程开工前，场地已按土方平衡竖向布置图进行了平整，则不再计算场地平整工程量。

“场地按土方平衡竖向布置图进行平整”是指按“挖填方量平衡法”原理进行挖填方布置，开挖地非就地的挖方、填方(弃土、取土)场地平整工作。

(2)挖土方、挖沟槽、挖地坑

①概念及计算规则

挖沟槽：指槽底宽度在3m以内，且槽长大于槽宽3倍以上的沟槽挖土，以立方米计。

建筑物墙基槽挖土长度确定：外墙槽长按图示中心线长度，内墙槽长按基础底面净长度(即槽净长)计算。

建筑物墙基地槽底面宽度按设计图示尺寸，另外考虑基础施工工作面宽度。

需放坡时，挖土工程量还应考虑放坡挖土工程量，放坡尺寸按表5-3计算。

管沟沟底宽度应按设计规定计算；设计无规定，按表5-2规定计算。

表5-2 管沟沟底宽度尺寸

管径(mm)	铸铁管、钢管、石棉水泥管/(m)	混凝土、钢筋混凝土、预应力钢筋混凝土 /(m)	陶土管/(m)
50~75	0.60	0.80	0.70
100~200	0.70	0.90	0.80
250~350	0.80	1.00	0.90
400~450	1.00	1.30	1.10
500~600	1.30	1.50	1.40
700~800	1.60	1.80	-
900~1000	1.80	2.00	-
1100~1200	2.00	2.30	-
1300~1400	2.20	2.60	-

挖地坑：是指坑底面积在20m^{2}以内的挖土，以立方米计。

挖土方：凡沟槽坑底宽度在3m以上及坑底面积在20m^{2}以上，平整土方挖土方厚度在30cm以上的挖土，以立方米计。

原土打夯：指将施工现场、槽坑底自然状态下的土夯实以及将其他原形地坪打实。原土打夯工程量按打夯土面面积，以立方米计算。

建筑物、构筑物及管道挖土是指设计室外地坪以下，以立方米计算；设计室外地坪以上的挖土按山坡切土计算。即，挖土深度等于地槽、坑底面至室外设计地坪的高度。

也有的定额规定：当室外设计地坪标高与室外自然地坪标高相差超过10cm时，挖土深度则按地槽、坑底面至室外自然地坪的高度计算。

地下室墙基地槽深度：地下室挖土底计算至槽底。

②放坡、放坡起点、放坡系数

放坡：挖沟槽、土方、挖地坑如果深度较深、土质较差时，为了防止坍塌和保证边坡稳定性，需要将沟槽或坑边壁修成一定的倾斜坡度，放坡大小与土质类别有关。沟槽边坡坡度以挖深“H”与边坡宽度“B”之比表示（图5-25）。即：土方边坡坡度 $=\frac{H}{B}=1/(\frac{B}{H})=\frac{1}{m}$，式中 $m=\frac{B}{H}$ 称为坡度系数。土方工程放坡系数见表5-3。

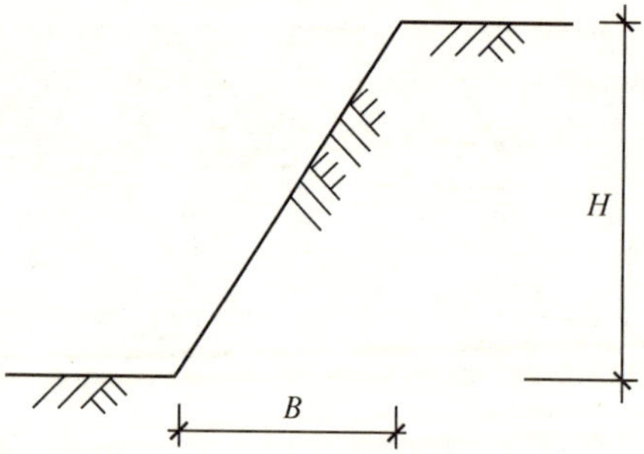

图5-25　土方边坡示意图

放坡起点：即计算挖土工程量时，判断是否放坡的标准；大于放坡起点数值后，才能计算放坡的工程量。

表5-3　土方工程放坡系数

土壤类别	放坡起点（m）	人工挖土放坡系数	机械挖土放坡系数	
			在坑内作业	在坑上作业
普硬土	1.40	1∶0.37	1∶0.27	1∶0.69
坚硬土	2.00	1∶0.25	1∶0.10	1∶0.33

注：1）放坡起点，有垫层的由垫层上表面开始放坡，无垫层的由底面开始放坡；

2）因土质不好，基础处理采用挖土、换土时，其放坡起点应从实际挖深开始。例如，挖地槽基础处理时，基础处理的放坡起点深度仅计算基础处理时的挖深 H_2，不考虑地槽的槽深 H_1（图 5-26）；

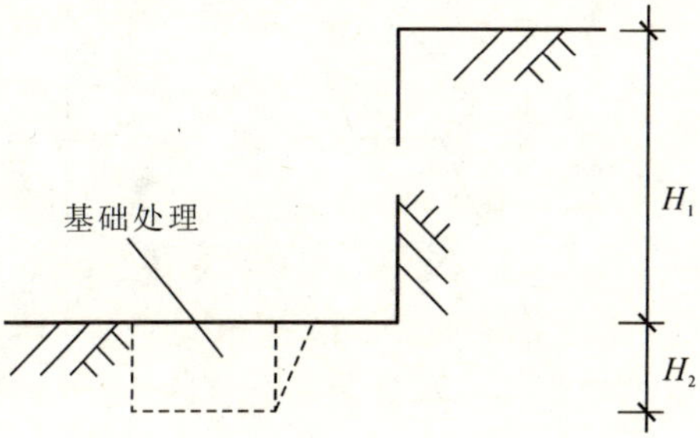

图 5-26 基础处理的放坡深度计算示意图

3）在挖土方、坑时，如遇不同土壤类别时，应根据地质勘测资料分别计算。放坡系数根据各土壤类别及深度加权计算；

例如，人工挖某地槽，槽深 1.8m，底宽 1.2m，自上而下遇到土层及厚度为：Ⅰ类 0.5m，Ⅱ类 0.7m，Ⅳ类 0.6m，按土方工程放坡系数表计算其放坡起点深度及放坡系数。

放坡起点深度(H) = (0.5 × 1.4 + 0.7 × 1.4 + 0.6 × 2)/(0.5 + 0.7 + 0.6) = 1.60m

放坡系数(m) = (0.5 × 0.37 + 0.7 × 0.37 + 0.6 × 0.25)/(0.5 + 0.7 + 0.6) = 0.33

4）地槽交叉处放坡产生的重复工程量不予扣除；

5）考虑支挡土板后，不得再计算放坡。

③工作面

在沟槽、基坑内进行基础施工时，需要一定的操作空间。为满足此需要，挖土时在基础宽度方向上双向向周边放出一定范围的操作面积，作为工人施工时的操作空间，每个单边放出宽度就成为工作面。工作面宽度规定如下：

砖基础：20cm；

条石、毛石基础：15cm；

混凝土基础需支模板时：30cm；

做卷材防水或防水砂浆垂直防潮层：80cm；

支挡土板：10cm；支挡土板以上四种情况的工作面可以与支挡土板工作面同时存在。

当实际施工人工挖土深度超过 3m 时，为了施工方便增加的工作台，可按深度每2m设0.80m宽的工作台，计算在土方工程量中(图5-27)。

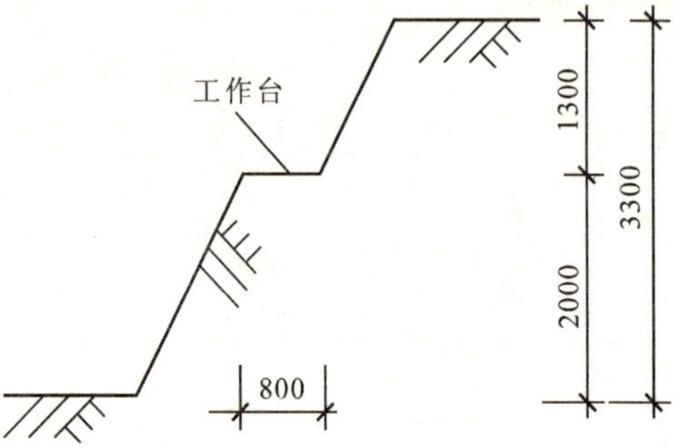

图5-27 工作台示意图

④部分定额工程内容

人工挖土方：挖土、装土、将土倒至室外地面、修理底边。

人工挖地槽、地坑：挖土、抛土于槽、坑边1m以外，修理槽、坑壁与底、拍底、钎探。

人工挖冻土：挖、抛冻土，修整底边弃土于槽坑两侧1m以外。冻土尺寸按实际签证，且按动土厚土分类。

回填土(指夯填)：5m以内取土、铺平、回填、夯实。

原土打夯：碎土、找平、平土，不包括取土。

⑤应注意的几个问题

a. 人工挖土方、挖地槽、地坑定额深度最深为6m；超过6m时，另作补充定额。

b. 人工土方定额是按干土编制的，如遇湿土时，人工乘以1.18。干湿的划分，应根据地质勘测资料按地下常水位划分，地下常水位以上为干土，以下为湿土。

c. 挖桩间土时，按实际挖土体积(扣除桩所占体积)，人工乘以1.50。

d. 在挡土板支撑下挖土时，按实际挖土体积，人工乘以1.43。

e. 均按自然(或称天然)密实体积计算

5.2.3 回填土、余土外运

(1)回填土：夯填、松填分别计算，均以立方米计，指室外设计地坪以下的回填土。回填土工程量计算：

地槽、地坑回填土体积 = 挖土体积 - 设计室外地坪以下埋设的砌筑物(包括基础及垫层等)的外形体积;

(2)心回填土：指室外设计地坪以上至地面之间的回填土。按主墙间的面积乘以填土厚度以立方米计算。执行楼地面分部的相应定额。

(3)管沟回填土：按其回填体积(夯实后的体积)，等于挖方体积减去管道所占体积。管径在50cm以下的不扣除管道所占体积；管径在50cm以上的按表5-4规定扣减管道所占体积。

表5-4 每米管道扣减土方体积(m^3)

管道名称	管道直径(mm)					
	501～600	601～800	801～1000	1001～1200	1201～1400	1401～1600
钢管	0.21	0.44	0.71			
铸铁管	0.24	0.49	0.77			
混凝土管	0.33	0.60	0.92	1.15	1.35	1.55

(4)余土外运：余土外运(或取土)体积 = 挖土总体积 - 回填土总体积计算结果为正值时为余土外运体积，负值时为取土体积。在单个工程中，外运和内运(即取土)的土方量应一并考虑；挖出的土如部分用于灰土垫层时，这部分土的体积在余土外运工程量中不予扣除。

5.3 砌筑工程

5.3.1 有关知识

(1)基础与墙(柱)的分界线

基础与墙(柱)身使用同一种材料时，以设计室内地面为界(有地下室者，以地下室室内设计地面为界)，设计室内地面以下为基础，以上为墙(柱)身。

基础与墙(柱)身使用不同材料，不同材料分界线位于设计室内地面±300mm以内时，以不同材料分界线作为基础与墙(柱)的分界线；超过±300mm时，以设计室内地面为分界线。个别地区定额还规定：砖柱不分基础和墙身，其工程量合并后，按砖柱定额。砖、石围墙，以设计室外地坪为界，以下为基础，以上为墙身。暖气沟及其他砖砌沟道不分基础和墙身，其工程量合并后，按砖砌沟道定额。

（2）基础大放脚

砌体基础两侧阶梯形的砌体，目的是增加基础底面宽度，以适应地基承载力。

按砖基础大放脚的断面形式和砌筑方法分为间隔式和等高式（图5-28）。间隔式大放脚，每增加一个台阶，基础增高63mm或126mm，并且63mm、126mm间隔出现，最上边的台阶高度可以是63mm，也可以是126mm。等高式大放脚，每增加一个台阶，基础增高均为126mm。砖基础大放脚每增加一个台阶，水平方向每侧增加62.5mm（250/4=62.5mm）。计算砖墙基础大放脚体积时可按表5-5、表5-6、表5-7计算。

表5-5 砖墙基础大放脚折加高度和增加面积（间隔式一）

放脚步数	大放脚相当墙高(m)					放大脚断面(m^2)	放大脚总高度(m)
	0.5砖	1砖	1.5砖	2砖	2.5砖		
1	0.27	0.13	0.09	0.06	0.05	0.0315	0.189
2	0.68	0.33	0.22	0.16	0.13	0.0788	0.315
3	0.96	0.46	0.30	0.23	0.18	0.1103	0.378
4	1.64	0.82	0.52	0.39	0.31	0.1890	0.504
5	2.06	0.99	0.65	0.48	0.39	0.2363	0.567
6	3.01	1.44	0.95	0.71	0.56	0.3465	0.693
7	3.56	1.71	1.12	0.84	0.67	0.4095	0.756
8	4.80	2.30	1.51	1.13	0.89	0.5513	0.882
9	5.48	2.63	1.73	1.29	1.03	0.6300	0.945
10	6.99	3.35	2.20	1.64	1.31	0.8033	1.071
11	7.81	3.74	2.46	1.83	1.46	0.8978	1.134
12	9.59	4.59	3.02	2.25	1.79	1.1025	1.260

注：1）第一个台阶（按自上而下的顺序）高126mm，表中第1步包括两个台阶（高126mm、高63mm各一个）；

2）以第2步为例说明表2-7计算过程。

放大脚增加断面面积(m^2)：$(0.126\times0.0625+0.063\times0.0625\times2+0.126\times0.0625\times3)\times2=0.0788$

相当0.5砖厚墙高度(m)：0.0788/0.115 = 0.6852 ≈ 0.68

相当1砖厚墙高度(m)：0.0788/0.240 = 0.3283 ≈ 0.33

相当1.5砖厚墙高度(m)：0.0788/0.365 = 0.2159 ≈ 0.22

放大脚总高度(m)：0.126 + 0.063 = 0.189

表5-6 砖墙基础大放脚折加高度和增加面积(间隔式二)

放脚步数	大放脚相当墙高(m)					放大脚断面(m^2)	放大脚总高度(m)
	0.5砖	1砖	1.5砖	2砖	2.5砖		
1	0.34	0.16	0.11	0.08	0.06	0.0394	0.189
2	0.55	0.26	0.17	0.13	0.10	0.0630	0.252
3	1.10	0.53	0.35	0.26	0.21	0.1260	0.378
4	1.44	0.69	0.45	0.34	0.27	0.1654	0.441
5	2.26	1.08	0.71	0.53	0.42	0.2899	0.567
6	2.74	1.31	0.86	0.64	0.51	0.3150	0.630
7	3.83	1.84	1.21	0.90	0.72	0.4410	0.756
8	4.45	2.13	1.40	1.05	0.83	0.5119	0.819
9	5.82	2.79	1.83	1.37	1.09	0.6694	0.945
10	6.57	3.15	2.07	1.54	1.23	0.7560	1.008
11	8.22	3.94	2.59	1.93	1.54	0.9450	1.134
12	9.11	4.37	2.87	2.14	1.70	1.0474	1.197

注：第一个台阶高63mm，表中第1步包括两个台阶(高63mm、高126mm各一个)。

表5-7 砖墙基础大放脚折加高度和增加面积(等高式)

放脚步数	大放脚相当墙高(m)					放大脚断面(m^2)	放大脚总高度(m)
	0.5砖	1砖	1.5砖	2砖	2.5砖		
1	0.14	0.07	0.04	0.03	0.03	0.0158	0.126
2	0.41	0.20	0.13	0.10	0.08	0.0473	0.262
3	0.82	0.39	0.26	0.19	0.15	0.0945	0.378
4	1.37	0.66	0.43	0.32	0.26	0.1575	0.504
5	2.05	0.98	0.65	0.48	0.38	0.2363	0.63
6	2.88	1.38	0.91	0.68	0.54	0.3308	0.756

（续）

放脚步数	大放脚相当墙高(m)					放大脚断面(m^2)	放大脚总高度(m)
	0.5 砖	1 砖	1.5 砖	2 砖	2.5 砖		
7	3.83	1.84	1.21	0.90	0.72	0.4410	0.882
8	4.93	2.36	1.55	1.16	0.92	0.5670	1.008
9	6.16	2.95	1.94	1.45	1.15	0.7088	1.134
10	7.52	3.61	2.37	1.77	1.41	0.8663	1.260
11	9.04	4.33	2.85	2.12	1.69	1.0395	1.386
12	10.68	5.12	3.37	2.51	2.00	1.2285	1.512

注：1）每个个台阶高均为126mm；
2）以第2步为例说明表2-9计算过程。

放大脚增加断面面积(m^2)：$(0.126\times0.0625+0.126\times0.0625\times2)\times2=0.0473$

相当0.5砖厚墙高度(m)：$0.0473/0.115=0.4113\approx0.41$

相当1砖厚墙高度(m)：$0.0473/0.240=0.1971\approx0.20$

相当1.5砖厚墙高度(m)：$0.0473/0.365=0.1296\approx0.13$

放大脚总高度(m)：$0.126+0.126=0.252$

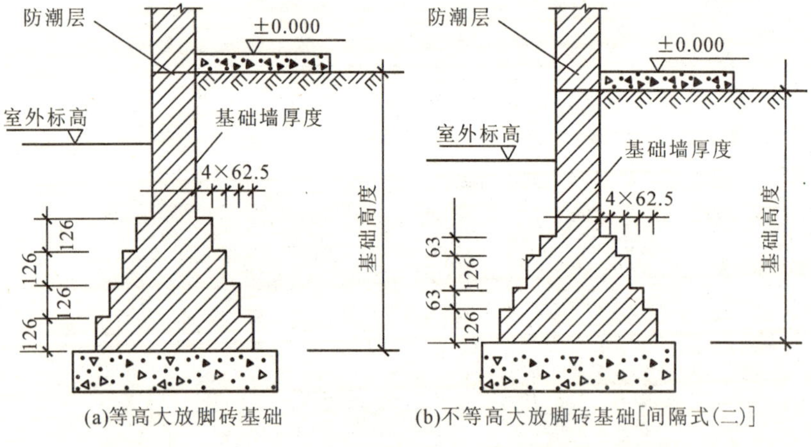

(a)等高大放脚砖基础　(b)不等高大放脚砖基础[间隔式(二)]

图5-28　大放脚砖基础示意图

(3)清水砖墙与混水砖墙

清水砖墙、混水砖墙一般是针对外墙而言的；清水砖墙：外墙表面仅做原浆或加浆勾缝；混水砖墙：外墙表面做抹灰、粉刷或粘贴块材面料。

(4)标准砖墙厚度规定如表5-8所列。

表5-8　标准砖墙厚度规定

砖数(厚度)	1/4砖	1/2砖	3/4砖	1砖	1.5砖	2砖	2.5砖	3砖
计算厚度(mm)	53	115	80	240	365	490	615	740

(5)腰线

指凸出外墙面的横直线，一般多为两皮砖砌筑而成。三皮砖以内的腰线不单独计算工程量，三皮砖以上的腰线并入墙体工程量中；有的地区规定：三皮砖以上的腰线另列项目，执行零星砌体定额。

(6)砖平碹砌砖过梁、平砌砖过梁(图5-29)

砖平碹砌砖过梁：就是平拱式砖过梁，首先支模板并起拱1%，利用普通砖侧砌平拱(要求：MU75以上的砖，不低于M5.0砌筑砂浆)。

平砌砖过梁即钢筋砖带过梁，首先支模板，平铺2cm厚1∶3水泥砂浆，砂浆层中放置钢筋(一般为3根)，然后平砌砖，最下一皮应丁砌。

(7)女儿墙

在屋面四周0.5~1.5m高的墙体(一般为1砖厚)，称为女儿墙。

(8)填充墙

在墙体的内外皮砌砖之间填充保温材料(如：矿渣、炉渣混凝土等)，这种墙体既能充分利用砖的强度，又可改善其保温性能。

填充墙工程量是按外形尺寸以立方米计算，其中实砌部分已包括在定额中，不另计算。填料与定额不同可以换算。

5.3.2　砌体计算规则

(1)计算墙体时，应扣除门窗洞口、过人洞、空圈、嵌入墙身的钢筋混凝土柱、梁、过梁、圈梁、板头、砖过梁和暖气包壁龛的体积，不扣除0.3m^{2}以内的孔洞、梁头、梁垫、檩头、垫木、木楞头、沿椽木、木砖、门窗走头、墙内加固筋、木筋、铁件、钢管等所占体积，凸出墙面的窗台虎头砖、压顶线、山墙泛水、烟囱根、门窗套、三皮砖以内的腰线、挑檐等体积也不增加。

(2)附墙烟囱、附墙通风道、垃圾道，按其外形体积计算，并入所依附的墙身体积内。不扣除每一孔洞的体积，但孔洞内的抹灰工料亦不增加。如每一孔洞横断面面积超过 0.15m^{2}时，应扣除孔洞所占体积，孔洞内抹灰应另列项目计算。

附墙烟囱如带有缸瓦管、出灰门，垃圾道带有垃圾道门、垃圾斗、通风百叶窗、铁箅子以及钢筋混凝土盖板等均应另列项目计算。

(3)砖平碹砌砖过梁按图示尺寸以立方米计算。如设计无规定时，砖平碹长度按门窗洞口两端共加 100mm。高度：门窗洞口宽小于1500mm 时按 240mm、大于 1500mm 时按 365mm，厚度同墙体。

平砌砖过梁工程量按立方米计算。其长度按门窗洞口两端共加500mm，高度按 440mm，厚度同墙体。

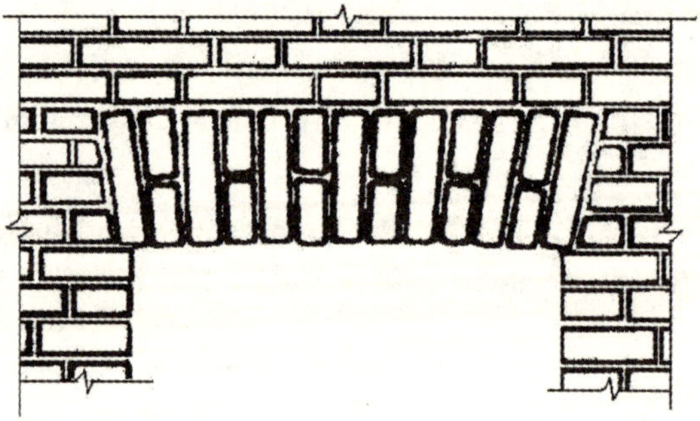

图 5-29 *砖拱过梁示意图*

(4)墙身高度规定

①外墙墙身高度：斜(坡)屋面无檐口天棚者算至屋面板底；有屋架、有檐口天棚者，算至屋架下弦底面另加 200mm；无天棚者算至屋架下弦底面另加 300mm；出檐宽度超过 600mm 时，应按实砌高度计算；平屋面算至钢筋混凝土板顶。

②内墙墙身高度：位于屋架下弦者，其高度算至屋架底；无屋架者算至天棚底另加 100mm；有钢筋混凝土楼板隔层者算至板底；如同一墙上板高不同时，可按平均高度计算。

③内外山墙墙身高度按其平均高度计算。

④女儿墙高度，自顶板上表面算至图示高度，分不同墙厚按外墙定额计算。

(5)墙体长度。外墙长度按外墙中心线长度计算；内墙按内墙净长度计算。

(6)砖石基础以图示尺寸按立方米计算。外墙基长度按外墙基中心线长度计算；内墙基按内墙基净长度即内墙两端纵墙第 1 步(自上而下算)大放脚之间的净距离计算(图 5-30)。基础大放脚 T 形接头处重叠部分以及嵌入基础的钢筋、铁件、管道、基础防潮层(一般是指防水砂浆防潮层)以及单个面积在 0.3m^2 以内的孔洞、砖平碹所占体积不扣除，但靠墙暖气沟的挑檐亦不增加。附墙垛基础宽出部分体积并入基础工程量内。

砖砌防潮层应从基础砌体工程量中扣除，另列项目按立方米计算。

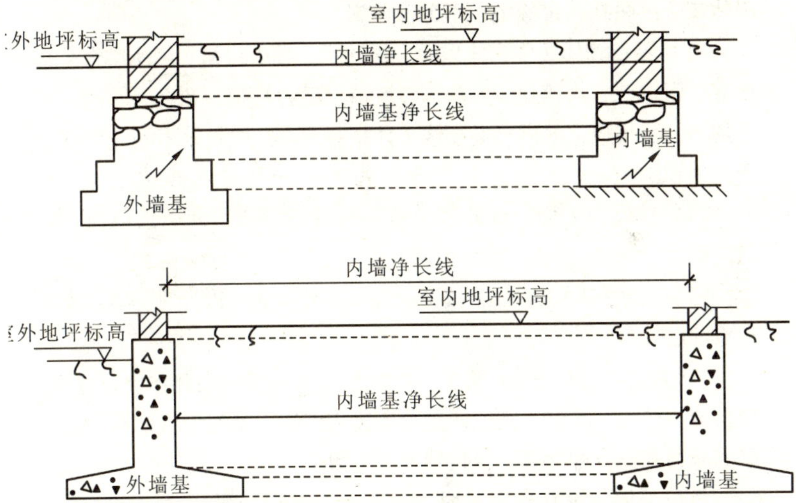

图 5-30　内墙及内墙基净长度示意图

(7)框架间砌墙，分别按内、外墙及不同墙厚，以框架间净面积乘以墙厚按相应砖墙定额计算。框架外表面镶贴砖部分亦并入框架间墙工程量中一并计算。

(8)砖砌围墙分不同墙厚以立方米计算，执行外墙定额。砖垛、砖砌压顶等并入墙身内计算。

(9)砖砌地下室外墙、内墙、基础：地下室外墙、内墙、基础的工程量合并在一起，执行相应定额。应扣除门窗洞口、0.3m^2以上的孔洞、嵌入墙身的钢筋混凝土柱、梁、过梁、圈梁、板头等的体积，不扣除0.3m^2以内的孔洞、梁头、梁垫、墙内加固筋、铁件等所占体积。墙身防潮层(即地下室外墙面竖向防潮层)外的贴砖应另列项目计算；贴砖的砂浆已包括在定额内，不另计算。

(10)多孔砖按外形体积以立方米计算；扣除门窗洞口、钢筋混凝土过梁、圈梁所占体积。其实砌标准砖(240×115×53)部分应按图示尺寸，另列项目，执行相应定额计算。

(11)填充墙按外形体积以立方米计算；扣除门窗洞口、钢筋混凝土过梁、圈梁所占体积。其实砌标准砖(240×115×53)部分已包括在定额中，不另行计算。

(12)砌块墙按外形体积以立方米计算；按设计规定需要镶贴砖砌体部分已包括在定额中，不另行计算。

(13)零星砌体按实砌体以立方米计算。其中包括：厕所蹲台、小便台、污水池、水槽腿、煤箱、垃圾箱、阳台栏板、花台、花池、房上烟囱、三皮以上的挑檐及腰线。计算厕所蹲台体积时不扣除大便器所占体积。

(14)砖砌挡土墙，两砖以上执行砖基础定额，两砖以内执行砖墙定额。

(15)砖砌锅台、炉灶，按图示外形尺寸以立方米计算，不扣除各种空腔的体积。

(16)石砌墙体按图示尺寸以立方米计算，如有砌砖门窗口立边、窗台虎头砖、砖平碹、钢筋砖过梁等按实砌体积另列项目计算；挡土墙墙身与基础合并计算，执行挡土墙定额。

(17)墙体勾缝垂直投影面积计算，应扣除墙裙和墙面抹灰所占的面积，不扣除门窗洞口及门窗套、腰线等零星抹灰所占的面积，但垛、门窗洞口侧壁的勾缝亦不增加。独立柱、房上烟囱勾缝，按图示尺寸以平方米计算。

5.3.3　应注意问题

(1)砖墙定额中已包括先立门窗框的调直用工以及腰线、窗台、挑檐线等一般出现用工。

(2)毛石护坡高度超过4m时，定额人工费乘以系数1.15。

(3)砌筑圆弧形石砌基础、墙(含砖石混合砌体)按定额人工费乘以系数1.10。

(4)弧形砖砌基础、墙按相应定额每$10m^3$砌体增加人工1.43工日。

(5)砌砖项目的工作内容中包括了安放木砖、铁件。

5.4 混凝土及钢筋混凝土工程

5.4.1 基本概念及基础知识

(1)现浇钢筋混凝土梁、柱、板、墙超高费

如果层高超过3.6m，每超过1m(不足1m者，按1m计)按每$10m^3$混凝土工程量(全部工程量)增加138.13元(其中：人工费88.87元，支撑费35.33元)。

(2)有梁板、无梁板、平板概念

①有梁板：指钢筋混凝土楼板结构中肋形板(单向肋或双向肋)，肋即是梁。板把其承受的荷载传给梁，梁再把荷载传给柱、墙等竖向承重构件。当板的跨度较大时，为减少板厚设置次梁，板把荷载传给次梁，次梁再把荷载传给主梁，例如：井字梁楼板。主梁、次梁是相对而言的，只有一种梁时，就不再有主梁、次梁之分。有梁板的工程量是将主梁、次梁与板合并在一起，执行有梁板定额。

②无梁板：板下不设梁，而由柱子直接支撑，柱子与板之间设柱帽。一般用于大面积的厅、堂楼板结构。无梁板的板、柱帽合并在一起，执行无梁板定额。

③平板：直接支撑在墙上的板。

(3)异形梁

是指里梁断面形状呈“L、+、T、I”的梁。

(4)钢筋铁件用量应按施工图及设计规定计算净用量，另加施工损耗。施工损耗：

现浇3%，预制2%；预应力：低碳冷拔钢丝9%，大型屋面板、空心板、大楼板、曹形板、矩形梁、T形梁、平板、支撑、檩条、天窗上下挡、天沟板、挑檐板、薄腹屋架、托架梁6%，鱼腹吊车梁、T型吊车梁13%，后张法预应力钢丝束10%，无黏结预应力钢丝束6%；铁件1%。直径5mm以内的钢筋按冷拔钢丝项目执行，冷拔钢丝价格中已包括了加工费，不得另列项目计算。

(5)钢筋接头设计图纸已规定的按设计图纸计算

设计图纸未作规定的，现浇混凝土的水平通长钢筋搭接量，直径25mm以内者，按8m长一个接头；直径25mm以上者，按6m长一个接头，搭接接头长度按规范或设计规定计算。现浇混凝土竖向通长钢筋(指墙、柱竖向钢筋)亦按以上规定计算，但层高小于规定接头间距的竖向钢筋接头，按每自然层一个计算。

(6)预制构件混凝土制作工程量

应按图纸计算的实体积(即安装工程量)另加相应安装定额项目中规定的损耗量。

(7)双肢柱、空格柱概念

双肢柱是由两根肢柱和若干腹杆组成。腹杆有平腹杆和斜腹杆两种。

空格柱是在工字形柱的腹板上挖成若干个孔洞而成。

5.4.2 混凝土及钢筋混凝土工程量计算规则

混凝土及钢筋混凝土工程量中不扣除其中的钢筋、铁件、螺栓所占体积；混凝土及钢筋混凝土墙、板等构件，均不扣除面积在0.3m^2以内孔洞的混凝土体积，其留孔工料亦不增加；面积在0.3m^2以上孔洞的混凝土体积应扣除，其留孔工料按混凝土预留孔定额计算。预制空心板的孔洞应予扣除。

(1)现浇混凝土构件(混凝土工程量)

①基础：其工程量以设计图示尺寸的实体积(m^3)计算。

a. 带形基础：应分别按毛石混凝土、无筋混凝土、有梁式钢筋混凝土、无梁式钢筋混凝土带形基础计算。

对于含梁的带形基础，若梁暗含在带形基础中，就称为无梁式钢筋混凝土带形基础；若梁的一部分暗含在带形基础中，一部分露在带形基础外，即为有梁式钢筋混凝土带形基础；

凡有梁式带形基础，其外露高度超过1.2m时，其带式基础底板按无梁式计算，外露部分按相应厚度的混凝土墙计算。

b. 独立基础：应分别按毛石混凝土和钢筋混凝土独立基础计算。

其工程量以设计图示尺寸的实体积计算，其高度从基础垫层上表面算至柱基上表面。

现浇独立柱基与柱的划分：一个基础台阶高度(H)为相邻下一个高度(H_1)2倍以内者为柱基，2倍以上者为柱身，如图5-31所示。

柱应按其断面尺寸不同，分别计算工程量，套用相应定额。上小下大的柱，按最小断面套用相应定额。

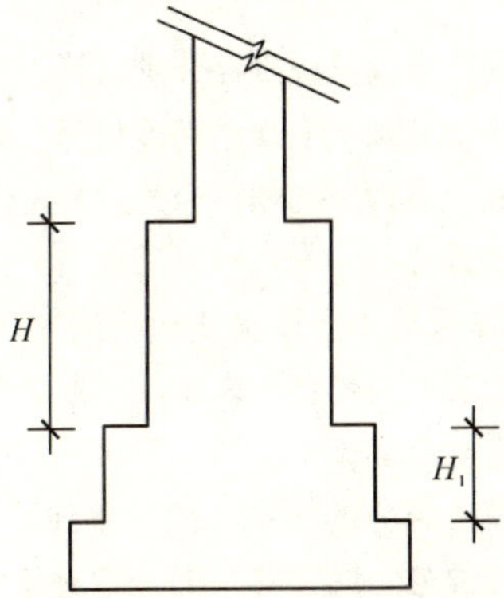

图 5-31　独立柱基础图

c. 杯形基础：杯形基础连接预制柱的杯口底面至基础扩大顶面高度在 0.5m 以内时，全部按杯形基础项目执行；在 0.5m 以上时，杯底至基础扩大顶面部分执行现浇柱项目，杯底以上部分执行杯形基础定额。

d. 满堂基础：无梁式满堂基础有扩大或角锥形柱墩时，应并入无梁式满堂基础内计算。

有梁式满堂基础梁高（即从底板上表面到梁顶面高度）超过 1.2m 时，底板按无梁式满堂基础，梁按相应混凝土墙项目计算。

箱式基础应分别按无梁式满堂基础、柱、墙、梁、板的有关规定执行。

e. 桩承台：应分别按带形和独立桩承台计算。满堂式桩承台按满堂基础相应项目计算，桩头剔凿、清运另列项目计算。

凿桩头工程量 = 桩截面面积 ×0.25（即桩头长度按 25cm 计算）。

f. 设备基础：块体设备基础按不同体积分别计算工程量。框架设备基础应分别按基础、柱、梁、板、墙的相应定额执行。楼地面上的设备基础并入梁、板定额项目计算，如同一个设备基础中部分为块体、部分为框架，应分别计算。

框架设备基础的柱高应从底板或柱基上表面算至肋形板的上表面；梁的长度按其净长计算，梁的悬臂部分应并入梁内计算。设备基础工程量不扣除地脚螺栓所占体积。地脚螺栓套孔分别按不同深度以个为单位，另列项目计算。二次灌浆按实体积计算，不扣除地脚螺栓所占体积。

②柱：按柱不同断面周长或直径分别计算工程量。柱高按柱基础上表面或楼板上表面至柱顶上表面的高度计算。但无梁楼板的柱高按柱基础上表面或楼板上表面至柱帽下表面的高度计算。依附于柱上的牛腿并入柱身体积内计算。

a. 构造柱：按图示尺寸计算实体积，包括与墙体咬合部分的体积，其高按柱基础上表面或楼板上表面至柱顶上表面的高度计算。现浇女儿墙柱执行构造柱定额。

构造柱与墙体咬合部分的体积，如果单独计算的话，比较麻烦，建议柱身部分与咬合部分一同计算，即构造柱体积 =（柱身截面面积 + 咬合部分折算截面面积）× 柱高，即把咬合部分体积折算到柱身全高，折算截面面积如表 5-9 所列。

表5-9 咬合部分折算截面面积表

平面形式	构造柱截面尺寸（$d_1 \times d_2$）			
	0.24m × 0.24m	0.24m × 0.365m	0.365m × 0.24m	365mm × 365mm
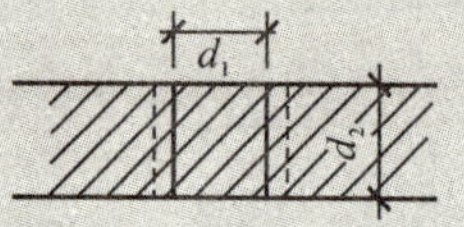	0.0144	0.0219	0.0144	0.0219
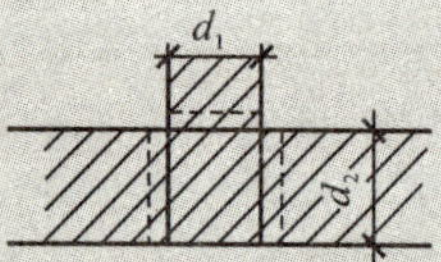	0.0216	0.0291	0.0254	0.0329
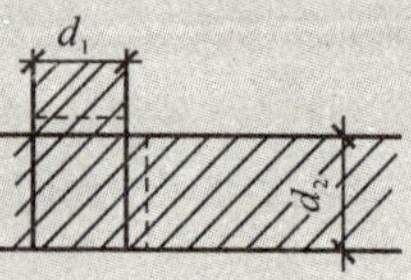	0.0144	0.0182	0.0182	0.0219

（续）

平面形式	构造柱截面尺寸($d_1 \times d_2$)			
	0.24m × 0.24m	0.24m × 0.365m	0.365m × 0.24m	365mm × 365mm
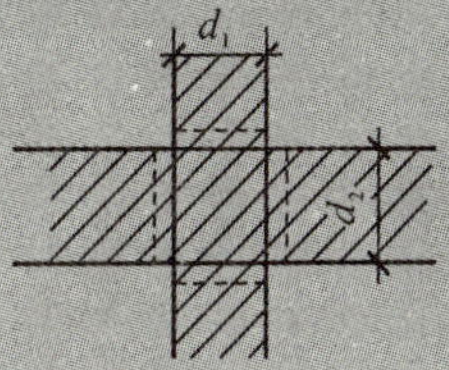	0.0288	0.0363	0.0363	0.0438

注：1) d_1 – 构造柱柱身截面横向尺寸，d_2 – 构造柱柱身截面纵向尺寸。

2) 表中数据计算过程以“0.24 ×0.365”第三行数“0.0182”加以说明：

咬合部分长60mm、高300mm，宽同所在墙体厚度，在高度方向上咬合部分间隔一般为300mm，折算面积 = (0.06 ×0.24 +0.06 ×0.365) ×0.3/(0.30 +0.30) =0.0182m^2

b. 圆柱、正多边柱：截面面积在0.35m^{2}以内者，套用“圆形及正多边形柱直径0.60m以内”；截面面积在0.35m^{2}以上者，套用“圆形及正多边形柱直径0.60m以外”。

柱一般在砌体砌筑前施工，而构造柱一般在砌体砌筑完成后施工。

③梁：凡两端直接支撑在柱基上，承受着墙体荷载，而中部再无其他支撑点，这种梁被称为基础梁。梁按图示断面面积乘以梁长，以立方米计算。梁与柱交接时，梁长算至柱侧面；次梁长度算至主梁侧面；伸入墙内的梁头或梁垫体积并入梁的体积内。圈梁通过门窗口时，可按门窗洞口宽度两端共加500mm并执行过梁定额，其他按圈梁计算。圆形圈梁(指沿圈梁梁长方向上呈圆形，而并非指圈梁断面)套用弧形圈梁定额。叠合梁应按设计图示尺寸的二次浇灌部分的体积计算。

④墙：按图示墙长度乘以墙高及厚度以立方米分不同墙厚分别计算。计算各种墙体积时，应扣除门窗洞口及0.3m^{2}以上的孔洞所占体积。墙垛及凸出部分并入墙体体积计算。

墙体扣除门窗洞口及0.3m^{2}以上的孔洞后，洞口留孔工料问题有以下几种说法(具体如何办，详见本地区、本部分的定额规定)：门留孔工料已包括定额内，窗留孔工料应另列项目计算；留孔工料应另列项目计算。

⑤板：不扣除板内预留 0.3m^2以内的孔洞所占体积。有梁板的梁和板工程量合并在一起计算。无梁板的板、柱帽工程量合并在一起计算；平板按其实体积计算。

钢筋混凝土板伸入墙砌体内的板头应并入板体积内计算。钢筋混凝土板与钢筋混凝土墙交接时，板的工程量算至墙内侧。

钢筋混凝土板与钢筋混凝土梁交接时，板的工程量算至梁内侧。

叠合板按两次浇筑实体积计算，执行平板定额，但应扣除定额中的模板部分的人工、材料、机械等费用(如果模板不含在同浇筑子目内，而是另列项目计算，就不存在本项扣除的问题)。

⑥楼梯：整体楼梯(包括板式、单梁式、双梁式楼梯)应按楼梯和休息平台的水平投影面积计算。楼梯与楼板的划分以楼梯梁内侧为界，该楼梯梁不包括在楼梯水平投影面积内。楼梯井的宽度在 50cm 以外者，应扣除其水平投影面积。伸入墙内部分的体积已包括在定额内，不另计算。楼梯基础、室外楼梯支撑柱以及与地坪相连接的混凝土踏步等均不包括在定额内，应另列项目计算。

螺旋楼梯(包括整体螺旋楼梯、柱式螺旋楼梯)按每一旋转层的水平投影面积计算，走道板与楼梯分界以楼梯梁内侧为准，该楼梯梁不包括在楼梯水平投影面积内。

柱式螺旋楼梯应扣除中心混凝土柱所占面积，中心柱另列项目计算。

⑦悬臂板等：悬臂板(直形阳台、雨篷及弧形阳台、雨篷)按伸出墙外的水平投影面积计算，伸出墙外在 1.50m 以内的牛腿部分及弧形阳台、雨篷外沿的弧形梁已包括在定额内，不另计算。伸入墙内的梁及通过门窗口的过梁合并在一起按过梁定额另行计算。伸出墙外在 1.50m 以上时，按有梁板定额计算。阳台、雨篷四周外边沿的弯起，如其净高度(指板上表面至弯起顶面)超过 6cm 时，应另列项目按栏板定额执行。

水平遮阳板按雨篷定额执行。

挑檐天沟按其实体积计算。当与板(包括屋面板、楼板)连接时，以外墙身外边缘为分界线；当与梁连接时，以梁外边线为分界线。外墙外边缘或梁外边线以外为挑檐天沟。挑檐天沟壁全高(即天沟悬挑板底面至沟壁顶面高度)超过40cm时，天沟壁全部(即天沟悬挑板底面至沟壁顶面)执行栏板定额。

栏板按实体积计算。

池槽定额中未包括砖砌槽腿及抹灰，其砌体及抹灰应另列项目计算。

零星构件按实体积计算。适用于现浇混凝土扶手、柱式栏杆及其他小型构件。

按设计，预制板间需现浇板缝时，若板缝宽度(指下口宽度)在2cm以上20cm以内者，按现浇板缝定额执行，超过20cm者，按平板执行。

(2)预制混凝土构件(混凝土工程量)

①预制桩尖按虚体积，即以桩尖全长乘以最大截面面积计算。

②基础梁按相应断面形式梁的子目执行。

③大型屋面板之间的槽形嵌板，按大型屋面板定额执行；T形嵌板按檩条定额执行。

④L形肋板按单肋板定额执行。

⑤楼梯休息平台板、女儿墙板、壁柜板、吊柜板、碗柜板等小型平板，按预制平板定额执行。

⑥预制大门框可分别按柱及过梁相应定额计算。

⑦预制构件制作工程量，应按图纸计算的实体积(即安装工程量)另加相应安装定额项目中规定的损耗量。

⑧零星构件(指预制构件)适用于每个体积在$0.05m^3$以内未列项的构件。

(3)预应力钢筋混凝土构件

①预应力钢筋混凝土构件的计算方法同非预应力钢筋混凝土构件计算方法。

②后张法施工构件的预留孔洞所占体积不扣除，孔道灌浆也不增加。

③预应力钢筋应按施工图要求计算张拉预留量，如图纸未明确时，分别按下列规定计算：

先张法预应力钢筋，按构件外形尺寸计算长度。

后张法预应力钢筋按设计图规定的预应钢筋预留孔道长度，并区分不同锚具类型，分别按下列规定执行：当采用螺丝端杆锚具时，预应力钢筋按预留孔长度减0.35m；当采用自锚时，预应力钢筋按预留孔长度增加0.35m；当采用其他锚具时及后张法预应力钢丝束(钢绞线)和无黏结预应力钢丝束孔道在20m以内时，预应钢筋长度增加1m；孔道在20m以上时，预应钢筋长度增加1.8m计算。

④预应力钢筋和预应力构件中的普通钢筋应分别套用相应定额。预应力钢筋的钢种可按设计规定换算。

(4)普通钢筋工程量计算

除了本节第一条第4、5款规定外，应知道以下内容：

①钢筋单位长度重量(kg/m)=0.00617×(钢筋直径)^2(钢筋直径单位为毫米)。

例如，直径25mm单位长度重量钢筋=0.00617×(25)^2=3.856(kg/m)

0.00617系数推导：钢筋单位长度重量=(钢筋直径/2)^2×π×1(长度1m)×7850(kg/m^3)/10^6

=π×7850/(4×10^6)×(钢筋直径)^2=0.00617×(钢筋直径)^2

②应注意钢筋图示尺寸与其下料尺寸的区别，两者不一定一致。

一般定额规定是：钢筋净用量按设计长度(即按设计图示尺寸计算出来的钢筋长度再加弯钩长度)乘以单位重量；每一个180°钢筋弯钩长度，应按6.25倍钢筋直径(已包括弯钩的平直部分3倍的钢筋直径长度)计算。

矩形箍筋长度计算：箍筋中心线周长+2×弯钩平直段长度+2×1.9×箍筋直径。弯钩平直段长度有两种，抗震区10倍的箍筋直径；抗震区5倍的箍筋直径。

例如：断面尺寸300×400柱，保护层厚度30mm，ϕ8箍筋，工程位于抗震区。

单根箍筋长度=((300-30×2+8)+(400-30×2+8))×2+2×(10+1.9)×8=1382mm

③钢筋锚固长度及马登筋(铁)：设计图纸有规定的按设计规定计算；设计图纸无规定的按规范或经批准的施工组织设计计算。

④基础受力钢筋长度

条形基础受力钢筋：当基础宽度≥2600mm时，横向受力钢筋的直线长度可减至0.9倍的基础宽度。

独立基础双向受力钢筋：当基础宽度≥3000mm时，受力钢筋的直线长度可减至0.9倍的基础宽度。对于条形基础钢筋：L形交接时，纵横基础受力钢筋重叠布置，该部分分布钢筋取消但应与受力筋搭接。T形交接时，重叠处横向基础受力筋间距加倍布排至纵墙处，横向基础分布筋随受力筋伸至纵墙处。

⑤板钢筋：板内受力钢筋距墙或梁距离为50～100mm。

板内分布钢筋应配置在单向板全部受力钢筋弯折处及其直线上，但在梁范围内可不配置。

5.4.3 模板工程量

(1)现浇混凝土及钢筋混凝土模板工程量

现浇混凝土及钢筋混凝土模板工程量，除另有规定者外，按模板与混凝土接触面的面积以平方米计算。

①现浇钢筋混凝土梁、柱、板、墙的支模高度(首层按室外地坪至板底或板面高度，二层以上按下一层板顶至本层板底或板面高度)以3.6m以内为准，超过3.6m以上部分，另按超过部分计算增加支撑工程量。

②现浇钢筋混凝土板、墙上单孔在0.3m^2以内孔洞不予扣除，洞侧壁模板也不增加；单孔在0.3m^2以上孔洞应予以扣除，洞侧壁模板面积并入墙、板模板中。

③现浇钢筋混凝土框架分别按梁、柱、板、墙的有关规定计算，附墙柱并入墙的工程量内。

④柱与梁、柱与墙、梁与梁等连接的重叠部分以及伸入墙内的板头、梁头部分均不计算模板工程量。

⑤构造柱外露面应按图示外露部分计算模板面积。构造柱与墙接触面不计算模板面积。图示外露部分模板面积计算应按矩形。矩形宽度等于咬合部分宽度(一般为60mm)，高度同柱身模板高度。

⑥现浇钢筋混凝土悬挑板(雨蓬、阳台等)按图示悬挑部分的水平投影面积计算。挑出墙外的牛腿梁及板边模板不另计算。

⑦现浇钢筋混凝土楼梯，以图示明露面的水平投影面积计算，不扣除宽度小于500mm楼梯井所占面积。楼梯踏步、踏步板平台梁等

侧面模板不另计算。

⑧混凝土台阶按图示台阶尺寸的水平投影面积计算，台阶端头两侧不另计算模板。

⑨现浇混凝土小型池槽按构件外围体积计算，池槽内、外侧及底部的模板不另计算。

⑩挑檐天沟按混凝土实体积计算。

(2)预制混凝土及钢筋混凝土模板工程量

预制混凝土及钢筋混凝土模板工程量，除另有规定者外，均按混凝土实体积以立方米计算。小型池槽按实体积计算；预制桩尖按虚体积(不扣除桩尖的虚体积)计算。

说明：

①关于模板计算有的地区定额把模板费用摊销到相应的混凝土子目中，在这种情况下，就不用再单独计算模板工程量。

②注意现浇小型池槽与预制小型池槽模板计算规则的区别。

5.5 门窗及木作工程

5.5.1 基本概念及基本规定

(1)定额中木材断面或厚度，均以毛料为准。如设计注明断面或厚度为净料时，应加刨光损耗。方板材一面刨光时加3mm，方板材二面刨光时加5mm；圆木刨光按每立方米木材增加0.05m^3计算。木材净料是指刨光加工后的木料。

(2)板材、方木是指经锯解加工后的木料，凡宽度大于或等于3倍厚度者为板材；小于3倍者为方木。

(3)凡定额注明门窗框、扇料允许换算者，应按设计规定断面换算，其人工、机械及其他材料不变。

(4)定额中所列门窗五金零件参考表，如与设计规定不一致时，应以设计规定为准。

(5)各种木门窗框、扇制作安装项目，不包括从加工厂的成品堆放场至施工现场堆放场的场外运输。如实际发生时，按场外运输定额计算。

(6)普通木门扇分类

①全镶板门扇：全部用冒头结构，门心全部镶板。

②玻璃镶板门扇：全部用冒头结构，每扇2～3个中冒头，门心镶1块玻璃、2块木板或1块玻璃、3块木板。镶板门门心板可用木板、胶合板或纤维板。

③全拼板门扇：全部用冒头结构，全部钉企口木板(100mm左右宽)，板面起三角槽(木板与木板接缝处)或门扇带斜木斜撑。

④玻璃拼板门扇：全部用冒头结构，每扇2～3个中冒头或带斜木斜撑，上部装一块玻璃，下部钉2～3块企口木板(100mm左右宽)，板面起三角槽(木板与木板接缝处)。

⑤半截玻璃门扇：全部用冒头结构，每扇一个中冒头，中冒头以上装玻璃，以下装木板。

⑥夹板门(胶合板门)：用小规格的方木做成轻型木骨架，双面贴薄板(如：胶合板、纤维板)，四边用小木板条封边。

(7)门窗扇安装定额中未包括装配单、双弹簧合页或地弹簧、暗插销、大型拉手、金属踢、推板及铁三角等用工。计算工程量时应另列项目，按门窗扇五金安装定额相应项目执行。

(8)挂镜线、门窗贴脸

挂镜线是指房间墙壁四周的上部所钉加工成一定形状的木板条(目前市场上也有塑料的)。主要起装饰或吊挂镜框、相框、蚊帐等作用。

门窗贴脸：当门窗框与内墙面齐平时，框与周围墙间有一条明显缝隙，为了掩盖这条缝隙而装钉的木板盖缝条就成为贴脸。

5.5.2　工程量计算规则

(1)普通木门窗框及工业窗框，定额分制作和安装，以设计框长每100m为计量单位，分别按单裁口、双裁口定额计算。余长和伸入墙内部分及安装用木砖已包括在定额内，不另计算。

若设计框料断面与定额附注规定不同时，换算时以立边料为准，仅换算定额中的烘干木材消耗量。

例如：某设计木门门框料尺寸为60mm×120mm，为双裁口；定额规定双裁口断面面积：82.20cm^2(以毛料为准)，制作定额中烘干木材消耗量：0.956m^3/100m。

换算后定额烘干木材含量：$0.956\times[(6+0.3)\times(12+0.5)/82.20]=0.916m^3/100m$

(2)普通木门窗扇及工业窗扇及厂库房大门等，定额分制作和安装，以100m^2扇面积为计量单位，若设计扇料边梃断面与定额附注规定不同时，仅定额中的烘干木材含量应按比例换算，其他不变。

(3)普通木门窗、工业木窗，如设计规定为部分框上安装玻璃者，扇的制作、安装与框上安装玻璃的工程量应分别列项计算，框上安装玻璃的工程量应以安装玻璃部分的框外围面积计算。

(4)工业窗扇制作、安装定额分中悬窗扇和平开窗扇。如设计为部分中悬窗扇、部分平开窗扇时，应分别列项计算。

(5)木天窗扇制作、安装，按工业窗扇相应定额执行。

(6)天窗木框架(包括横档木及小立木)制作、安装，以每立方米竣工木料为单位计算。天窗上、下封口板按实定面积计算。

(7)木百叶窗制作、安装按框外围面积计算，定额中已包括窗框的工、料。

(8)门连窗的窗扇和门扇制作、安装应分别列项计算。但门窗相连的框可并入木门框工程量内，按普通木门框制作、安装定额执行。

(9)普通钢门窗上安装玻璃按框外围面积计算。当钢门仅有部分安装玻璃时，应依据安装玻璃部分的框外围面积计算。

(10)木窗台板按面积计算。如图纸未注明窗台板长度和宽度时，长度可按窗框宽度两边加10cm计算，宽度按凸出抹灰墙面5cm计算。

(11)挂镜线按米计算，如与门窗贴脸或窗帘盒相连接时，应扣除门窗框宽度或窗帘盒的长度。

(12)门窗贴脸按长度计算，长度按框的外围尺寸计算。双面钉贴脸者应加倍计算。

(13)暖气罩按边框外围尺寸以垂至投影面积计算。

(14)木间壁墙按面积以平方米计算，其高度按图示尺寸、长度按净尺寸计算。用扣除门窗洞口面积，不扣除面积在0.3m^2以内的孔洞。

(15)木墙裙、护壁板按表面净面积以平方米计算。

(16)木墙裙、护壁板如钉压条时，按天棚项目中“板面钉木压条”计算。

(17)木地板以主墙间的净面积计算，不扣除间壁墙，不扣除穿过木地板的柱、垛和附墙烟囱等所占面积，但门和空圈的开口部分也不增加。

(18)木踢脚板以平方米计算。计算长度时不扣除门洞口和空圈处的长度，但侧壁部分亦不增加。柱、垛踢脚板工程量应合并计算。

(19)木楼梯按水平投影面积计算，但楼梯井超过30cm时应予扣除。定额中已包括踢脚板、平台和深入墙内部分工料，但未包括楼梯及平台底面的天棚。天棚工程量以楼梯水平投影乘以系数1.1按混凝土板下单层愣及相应天棚面层定额计算。

(20)栏杆和扶手均以延长米(不包括伸入墙内部分的长度)计算。楼梯栏杆和扶手按设计规定计算，如设计无规定时，其长度可按全部投影长度乘以系数1.15计算。

5.6　楼地面工程

5.6.1　基本概念及基本规定

(1)楼地面垫层定额用于基础垫层时，定额中人工、机械乘以系数1.20。

(2)冷底子油的配置：将熬好的沥青倒入料桶中，再加入溶剂。溶剂可用煤油、汽油等。

定额中冷底子油配比：10#沥青: 汽油 =30: 70

(3)楼地面构造(按自上而下顺序)

①面层：直接承受各种物理和化学作用的表皮层。

②结合层：面层与下一构造层相连接的中间层，也可作为面层的弹性基层。

③找平层：具有找平、找坡或加强作用。

④隔离层：具有防止地面上各种液体和地面下的水、潮气渗透地面作用。仅防止地面下的潮气渗透地面时被称为作防潮层。

⑤填充层：在地面上起隔音、保温、找坡或敷暗管线等作用。

⑥垫层：承受并传递地面荷载于基土或结构层上。

⑦基土(或结构层)：地面垫层下的土层；对于楼面而言，垫层下面一般为结构层。

在实际施工中，并非所有楼地面都必须有以上7个构造层，有的构造层可能没有，应以施工图设计为准。

(4)主墙

墙厚在180mm及以上的砖砌、砌块或墙厚在100mm及以上的钢筋混凝土墙。

(5)间壁墙

是指起分隔房间作用，仅承受墙体本身荷载的墙体。

5.6.2 工程量计算规则

(1)楼地面面层、找平层

①楼地面面层(指整体面层)、找平层按墙间净面积计算。应扣除凸出地面的构筑物、设备基础及室内铁道等所占面积，不需作面层的地沟盖板所占面积亦应扣除，不扣除柱、垛、间壁墙、附墙烟囱及$0.3m^2$以下孔洞所占面积。但门洞、空圈和暖气槽、壁龛的开口部分也不增加。

②块料面层按图示尺寸实铺面积计算。门洞、空圈和暖气槽、壁龛的开口部分的工程量，应并入相应地面面积中计算。

(2)垫层

①地面垫层：按设计规定厚度乘以墙间净面积以立方米计算。

②基础垫层：按垫层面积乘以厚度以立方米计算。墙基垫层面积计算：外墙以其中心线长度乘以垫层宽度计算；内墙以其净长度乘以垫层宽度计算；

(3)踢脚线

①整体踢脚线按不同用料及做法以平方米计算，垛、柱面踢脚线的工程量合并计算，不扣除门洞、空圈处的长度，但侧壁部分也不增加。

②块料面层踢脚线(或称踢脚板)按实际长度以延长米计算。

(4)水泥砂浆及水磨石楼梯面层，按楼梯和休息平台的水平投影面积计算(楼梯与楼板的划分以楼梯梁内侧为界，不包括伸入墙内部分)，不扣除小于50cm宽的楼梯井面积，楼梯井宽度超过50cm时应予扣除。定额中包括了楼梯整体踢脚线工料。

(5)楼梯防滑条按设计规定长度计算，如设计无规定者，可按踏步长度两边共减15cm计算。

(6)台阶面层(包括踏步及最上一层踏步沿300mm)按水平投影面积计算。

(7)明沟按设计图示尺寸以延长米计算。净空断面面积在$0.2m^2$

以上的沟道，应分别按相应项目计算，不再执行明沟定额。

(8)散水按设计图示尺寸以平方米计算，应扣除穿过散水的踏步、花台面积。

(9)防滑坡道按斜面积计算，坡道与台阶相连处，以台阶外围面积为界。

(10)剁假石台阶以为展开面积计算。

(11)防水工程工程量计算规则

①建筑物地面防水防潮层，按主墙间净面积计算，应扣除凸出地面的构筑物、设备基础等所占面积，不扣除柱、垛、间壁墙、烟囱及0.3m^2以内的孔洞所占面积。与墙连接处500mm以内者按展开面积计算，并入平面工程量内，超过500mm时，按立面防水层计算。

②建筑物墙基防水、防潮层，外墙长度按中心线、内墙按净长度乘以墙厚以平方米计算。

③构筑物及建筑物地下室防水层，按实铺面积计算，但不扣除0.3m^2以内的孔洞面积，其上卷高度超过500mm时，按立面防水层计算。

④防水层的附加层、接缝、收头、冷底子油等人工、材料均已包括在定额内，不另计算。

(12)变形缝按缝的长度计算。

5.7 屋面工程、防腐隔热保温工程

5.7.1 基本概念及基本规定

(1)平屋面与坡屋面(此分类仅用于工程预算)：

坡度在15°以下者为平屋面，超过15°者为坡屋面。

(2)屋面水泥砂浆找平层按“2.9 楼地面工程”的相应项目执行。

(3)卷材及防水涂料定额中，均已包括基层表面刷冷底子油或处理剂一遍，卷材收头部分已包括在定额内，不再另计算。

(4)铁皮屋面及铁皮排水项目，定额内已包括铁皮咬合和搭接的工料。

(5)防腐卷材接缝、附加层、收头等人工、材料已计入定额，不再另行计算。

5.7.2 工程量计算规则

(1)屋面工程

①卷材及防水涂料屋面：按图示尺寸的水平投影面积乘以屋面延尺系数，以平方米计算，不扣除房上烟囱、风帽底座、风道、斜沟等所占面积。平屋面的女儿墙、天窗等处弯起部分和天窗出檐部分重叠部分的面积应按图示尺寸，并入相应屋面工程量内计算。弯起部分应按图示尺寸计算，如设计无规定时，伸缩缝、女儿墙的弯起部分可按25cm计算，天窗弯起部分可按50cm计算，但各部分的附加层已包括在定额内，不再另行计算。

②平、瓦垄及压型板铁皮屋面：按图示尺寸的水平投影面积乘以屋面延尺系数，以平方米计算，不扣除房上烟囱、风帽底座、风道、斜沟等所占面积。镀锌薄钢板压型屋面板、墙板，其所需的零配件、连接件和密封件均已包括在定额内，不得另计。

③玻璃钢采光罩按个计量，如单个水平投影面积超过1.5m^2者，仍按定额执行，其规格差的差价以材差调差处理，其他工、料费不变。

④滴水线按设计规定计算。设计无规定时，瓦屋面可加5cm计算；铁皮屋面有滴水线时，应另加7cm计算。

⑤铁皮排水按表5-10规定以展开面积计算。本定额已综合了刷涂料的工料，不得重复计算。

表5-10 铁皮排水单体零件工程量折算规定

名称	单位	折算(m^2)	名称	单位	折算(m^2)
带铁件部分			不带铁件部分		
圆形水落管	m	0.32	天沟	m	1.30
方形水落管	m	0.40	斜沟、天窗窗台泛水	m	0.50
檐沟	m	0.30	天窗侧面泛水	m	0.70
水斗	个	0.40	烟囱泛水	m	0.80
漏斗	个	0.16	通风管泛水	m	0.22
下水口	个	0.45	檐头泛水	m	0.24
			滴水	m	0.11

(2)防腐隔热保温工程

保温隔热层应区分不同保温隔热材料，除另有规定者外，均按设计实铺厚度(厚度不包括胶结材料)以立方米计算。

①楼地面保温隔热层，按围护结构墙体间净面积乘以设计厚度以立方米计算，不扣除柱、垛所占体积。

②墙体隔热层，均按墙中心线长乘以施工图示尺寸高度及厚度以立方米计算。应扣除门窗洞口及 $0.3m^2$ 以上洞口所占体积。

③泡沫塑料板、软木包柱子，其工程量按隔热材料展开长度的中心线长乘以图示高度及厚度，以立方米计算。

④泡沫塑料板、软木粘在混凝土板下，按施工图示长、宽、厚度的乘积，以立方米计算。

5.8 抹灰工程

5.8.1 基本概念及基本规定

(1)普通抹灰、中级抹灰、高级抹灰，是按抹灰遍数、主要工序及达到的外观质量标准划分的。见表 5-11 所列。

表5-11 普通抹灰、中级抹灰、高级抹灰的标准划分

等级	普通抹灰	中级抹灰	高级抹灰
抹灰遍数	一底层、一面层	一底层、一中层、一面层	一底层、一中层、二面层
主要工序	分层找平、修整表面压光	阳角找方、设置标筋、分层找平、修整、表面压光	阳角找方、设置标筋、分层找平、修整、表面压光
外观质量	表面光滑、洁净、接槎平整	表面光滑、洁净、接槎平整、压线清晰、顺直	表面光滑、洁净、颜色均匀、无抹纹、压线平直方正、清新美观

底层灰主要起与基层黏结及初步找平作用。中层灰主要起找平作用，所用材料与底层基本一致，要求大面平整。面层灰主要起装饰作用，要求平滑、无裂痕、颜色均匀。

(2)门窗洞口水泥砂浆护角工料已包括在定额项目内，不另计算。

(3)天棚抹灰装饰线是指在天棚与墙壁相接处，抹灰时所作的突出线条，有的在天棚吊灯周围也作装饰线。

装饰线的道数是按凸出的棱角道数计算的，有一个凸出棱角即为一道线，有二个凸出棱角即为二道线，依次类推。凡出线一至三道的按三道以内计算，超过三道的按五道以内计算。

天棚抹灰中已包括小圆角的工料，故小圆角不另计算。

(4)普通腰线、复杂腰线

腰线是指为了增加建筑物外墙面的美感而在窗台高度附近用砌砖砌出(也可使用混凝土浇筑)的水平方向装饰线。

河北(98)建筑工程预算定额中规定：普通腰线是指凸出墙面一至二道棱角线；复杂腰线是指凸出墙面三至四道棱角线(每凸出墙面一个阳角为一道棱角线)。

5.8.2 工程量计算规则

(1)内墙面抹灰

①内墙面抹灰面积按主墙间的图示净尺寸乘以内墙面抹灰高度；应扣除门窗洞口、空圈所占的面积，不扣除踢脚线、挂镜线、0.3m^2以内的孔洞、墙与构件交接处的面积，洞口侧壁和顶面也不增加，不扣除间壁墙所占面积。垛的侧面抹灰工程量，应并入墙面抹灰工程量内计算。

内墙面抹灰高度确定：

有墙裙时，自墙裙顶算至天棚底或板底；无墙裙时，其高度自室内地坪或楼地面算至天棚底或板底；天棚吊顶者，内墙面抹灰高度算至吊顶下表面另加10cm计算。

②内墙裙抹灰面积按墙裙长度乘以墙裙高度计算；应扣除门窗洞口、空圈、0.3m^2以上的孔洞所占的面积，但洞口侧壁和顶面不增加，垛的侧面抹灰工程量应并入墙裙内计算。

③柱和单梁的抹灰，按展开面积执行梁柱面相应定额，柱与梁或梁与梁接头面积不扣除。但镶入墙内的过梁、圈梁、构造柱抹灰并入相应砖墙墙面抹灰工程量内计算。

(2)天棚抹灰

①天棚抹灰面积，按主墙间的净空间面积计算；不扣除柱、垛、间壁墙、附墙烟囱、附墙通风道、检查孔、管道及灰线等所占面积。坡形或拱形的天棚，按展开面积计算，带有钢筋混凝土梁的天棚，梁

侧面抹灰面积，并入天棚抹灰工程量内计算。

②带密肋的小梁及井字梁的天棚抹灰，以展开面积按定额附注规定执行。井字梁天棚系指每个井内面积在 $5m^2$ 以内者。

③檐口天棚的石灰砂浆，并入相同的天棚抹灰工程量内计算。

④楼梯底面抹灰，并入相同的天棚抹灰工程量内计算。楼梯（包括休息平台）底面积的工程量按其水平投影面积、平板式乘以系数 1.3，踏步式乘以系数 1.8 计算。

⑤槽形板、大型屋面板、折板下勾缝、喷浆，按水平投影面积乘以系数 1.4 计算。平板、空心板下勾缝按水平投影面积计算。

⑥阳台、雨篷、挑檐下抹灰，均按其水平投影面积计算工程量。

(3) 外墙抹灰

①外墙面、墙裙（是指高度在 1.5m 以内）抹灰，按平方米计算，扣除门窗洞口、空圈、腰线、挑檐、门窗套、遮阳板所占面积，不扣除 $0.3m^2$ 以内的孔洞面积，但门窗及空圈壁应展开计算，并入相应墙面抹灰中。

②女儿墙顶及内侧、暖气沟、化粪池抹灰，以展开面积按外墙抹灰相应定额执行，女儿墙顶面抹灰并入女儿墙抹灰工程量内计算。但带压顶的女儿墙，其压顶部分应以展开面积，按普通腰线定额执行。

③内外窗台板抹灰工程量，如设计图纸无规定时，可按窗外围宽度加 20cm 乘以展开宽度计算，外窗台与腰线连接时并入腰线内。

④水泥砂浆黑板按框的外围面积计算，黑板边框及粉笔槽抹灰已考虑在定额内，不另计算。

⑤拉毛、喷涂、彩砂喷涂、喷塑、弹涂、滚涂均按实抹（喷）面积以平方米计算，套用相应定额。

(4) 镶贴块料面层

镶贴块料面层工程量，应根据设计图示尺寸按的实际镶贴块料面层的装饰面积计算，而不能按被装饰结构的表面面积计算。

墙面：高度超过 1500mm 者；墙裙：高度超过 300mm 而又在 1500mm 以内者；踢脚线：高度在 300mm 以内者。

5.9 脚手架工程

5.9.1 基本概念及基本规定

(1) 脚手架：为了施工操作的方便和安全，采用钢管或杉木、木板或竹板、扣件、铁丝搭设一种供建筑工人脚踏手攀、堆置和运输材料的架子被称为脚手架，一般有立杆、横杆、斜坡道、防风拉线及安全网等组成。

(2)满堂脚手架：是指为了室内顶棚安装或装饰而搭设的一种呈大平台状的脚手架。

(3)单排脚手架、双排脚手架。

单排脚手架。是指立杆只有一排，与水平大横杆形成一个立面，小横杆一端与大横杆相连，一端搁在墙上，脚手架不能独立于墙体而存在。

双排脚手架。是指立杆有两排，每排与水平大横杆形成一个立面，共形成两个立面，小横杆两端均与大横杆相连形成一个空间结构；为了脚手架的稳定性，部分小横杆加长伸入墙内，锁固在墙体上。

(4)凡墙体、砖柱高度超过1.2m者应计算脚手架。

(5)建筑物外墙脚手架，凡设计室外地坪至檐口(或女儿墙上表面)的砌筑高度在15m以下的，按单排脚手架计算；砌筑高度在15m以上者或砌筑高度不足15m，但外墙门窗及装饰面积超过外墙表面积60%以上时，均按双排脚手架计算；采用竹制脚手架时，按双排脚手架计算。

(6)建筑物内墙脚手架，凡设计室内地坪至顶板下表面(或山墙高度的1/2处)的砌筑高度在3.6m以下的，按里脚手架计算；砌筑高度在3.6m以上者，按单排脚手架计算。

(7)石砌墙体，凡砌筑高度超过1.2m以上时，按外脚手架计算。

(8)计算内、外墙脚手架时，均不扣除门窗洞口、空圈洞口等所占面积。

(9)围墙脚手架，凡室外自然地坪至围墙顶面的砌筑高度在3.6m以下的，按3.6m以内脚手架计算；砌筑高度在3.6m以上者，按单排脚手架计算。

(10)室内天棚装饰面距室内地坪在3.6m以上时，应计算满堂脚手架，计算满堂脚手架后，墙面装饰工程则不再计算脚手架。

(11)满堂基础、现浇混凝土构筑物底面积在$4m^2$以上时，按其底板面积计算满堂脚手架，乘以系数0.5。

(12)混凝土条形基础宽度超过2m时，按其底板面积计算满堂脚手架，乘以系数0.5。

(13)建筑物有高低跨时，分别按不同高度计算脚手架。

(14)内墙装饰可利用内墙砌筑脚手架，故一般情况下，内墙装饰脚手架不另计算。

(15)滑升模板施工的钢筋混凝土烟囱、筒仓，不另计算脚手架。

5.9.2 工程量计算规则

(1)外墙砌筑脚手架按外墙外边线长度乘以外墙砌筑高度以平方米计算，突出墙外宽度在24cm以内的墙垛，附墙烟囱等不计算脚手架；突出墙外宽度在24cm以上的墙垛按图示尺寸展开计算，并入外脚手架工程量内。

(2)内墙砌筑脚手架按墙面垂直投影面积计算。

(3)独立柱按图示柱结构外围周长另加3.6m，乘以柱高以平方米计算，套用相应外墙脚手架。

(4)现浇混凝土梁、墙，按设计室外地坪(或楼板上表面)至楼板底之间的高度乘以梁或墙净长以平方米计算，套用相应双排脚手架定额。

(5)室内装饰脚手架：

满堂脚手架，按室内净面积计算，其高度在3.6~5.2m之间时计算基本层，超过5.2m后，每超过1.2m计算一个满堂脚手架增加层。计算满堂脚手架增加层时，超过0.6m者，计算一个增加层，不足0.6m舍去不计。即

$$满堂基础增加层=(室内净高度-5.2)/1.2$$

例一，某建筑物某房间天棚高度为7.5m，其满堂基础增加层=(7.5-5.2)/1.2=1，余1.1m>0.6m，即应计算2个满堂脚手架增加层。

例二，某建筑物某房间天棚高度为9.2m，其满堂基础增加层=(9.2-5.2)/1.2=3，余0.4m<0.6m舍去不计，即应计算3个满堂脚手架增加层。

(6)挂贴高档石材(如花岗岩、大理石等)或安装玻璃幕墙，按双排脚手架乘以系数0.4。工程量粘贴砌(或安装)高度乘以装饰的宽度。

(7)带裙房的高层建筑脚手架，裙房部分脚手架按裙房外围周长乘以裙房高度计算，套用相应脚手架定额；高出裙房的主楼脚手架按主楼部分的外围周长乘以裙房以上的高度计算，按建筑物全高套用相应定额。

(8)砌筑高度超过3.6m的地沟应计算脚手架。高度在3.6m以内时，套用3.6m以内脚手架定额；高度超过3.6m时按相应高度的单排脚手架计算。

(9)建筑物垂直封闭工程量按封闭面的垂直投影计算。

5.10 高级装饰工程

高级装修与普通装修的划分，不同定额有不同规定：

第一种规定：按施工合同施工内容区分，单独承担工程装修工程执行高级装饰工程定额；否则，执行一般装饰定额。

第二种规定：不再人为规定那些执行一般装饰定额那些执行高级装饰定额，而是结合施工图纸，根据分项子目定额所在一般装饰定额还是在高级装饰定额上，分别计取其他费用。

5.10.1 装饰门窗工程工程量计算规则

(1)铝合金门窗、彩板钢门窗、塑料(塑钢)门窗制作、安装工程量均按门、窗洞口面积计算。铝合金门窗纱扇按扇面积计算。

(2)卷闸门安装按洞口高度增加600mm乘以门实际宽度，以平方米计算。电动装置安装以套计算，小门安装按个计算。

注意：本条卷闸门计算规则是针对卷闸门在洞口外安装而言的。若在洞口内安装时，洞口高度应减去520mm(卷帘卷起后所占高度)后执行上述卷帘门计算规则。

(3)铝合金旋转门及全自动感应门成品安装按套计算。

(4)不锈钢片包门框按框外表面面积以平方米计算。

(5)门扇铝合金踢脚板安装以踢脚板净面积计算。

5.10.2 吊顶天棚工程工程量计算规则

(1)各种吊顶天棚龙骨按主墙间净空面积计算，不扣除间壁墙、检查口、附墙烟囱、柱、垛和管道所占面积，天棚中的折线、跌落等圆弧形和高低吊灯槽等面积不展开计算。

(2)天棚装饰面层按主墙间实铺面积计算，不扣除间壁墙、检查口、附墙烟囱、附墙垛和管道所占面积，应扣除独立柱及与天棚相连的窗帘盒所占面积。天棚中的折线、跌落等圆弧形和拱形、高低吊灯槽及其他艺术形式天棚面层均按展开面积计算。

5.10.3　装饰楼地面工程工程量计算规则

楼地面块料面层按图示尺寸实铺面积(指装饰面积)计算。门洞、空圈和暖气槽、壁龛的开口部分的工程量，应并入相应地面面积中计算。

5.10.4　墙、柱面装饰工程工程量计算规则

(1)墙柱面贴块料面层按图示尺寸实铺装饰面积计算。贴砌高度小于300mm时按踢脚板计算。有吊顶情况下，墙面块料面层高度算至第一层龙骨的上表面。

(2)墙柱面龙骨、基层及面层的工程量均按面层的设计实铺面积计算。

(3)挑檐、天沟、腰线、门窗套、窗台线、压顶、栏板、扶手、遮阳板、雨篷等零星项目，按时铺展开面积计算。

5.10.5　涂料、裱糊工程工程量计算规则

楼地面、天棚面、墙面、柱面及梁面的喷、刷、滚、弹涂料，抹灰涂料，裱糊，其工程量的计算按楼地面、天棚面、墙面、柱面、梁面抹灰工程相应工程量计算规则计算。

6

给排水工程施工图的预算编制

6.1 给排水工程工程量计算方法及注意事项

6.1.1 给排水工程工程量计算方法

室内给排水工程工程量主要内容包括：给排水管道安装，卫生洁具安装，阀门、水嘴等其他项目安装，除锈、刷油、防腐等。

计算室内给排水工程工程量时，以系统编号按入户管、干管、支管顺序计算，先给水后排水；一个系统的工程量计算完后，再计算另一个系统；在一个系统中，一个干管工程量(包括干管、与该干管上相连的支管及支管上的卫生洁具安装、阀门、水嘴等)工程量计算完毕后，再计算另一个干管。在一个干管中，一个支管工程量计算完毕后，在计算另一个支管。

(1)给排水管道安装

室内与室外划分界限是：排水管以室外第一个检查井为界，如果检查井过远，则以外墙外侧1.5m处为界。给水管道是以室外水表或总阀门井为界，无水表或总阀门时，则以外墙外侧1.5m处为界。

给排水管道安装工程量是按不同材料、不同连接方式、不同接口材料、不同管径等，以延长米为单位分别计算。各种管道均以施工图所示中心线长度为准计算管道的工程量。

各种管道的水平长度，用比例尺量取图中管道中心线长度，垂直长度按建筑剖面图、管道系统图所示标高来计算。各种阀门和管件在管道中所占长度，已在定额中综合考虑，计算管道工程量时不再扣除。

计算管道工程量时，材质、管径相同的同一直径水平或立向管道应按地埋、暗设、明设分别列式计算(主要目的在于计算管道的刷油、防腐及保温工程量的便利)。

各种管道接头零件的安装包括在管道安装定额中，不再单独计算。

钢管包括弯管制作安装(伸缩器除外)，无论是现场煨制或成品弯管均不得换算。

铸铁排水管、雨水管及塑料排水管均包括管卡及托吊支架、臭气帽、雨水漏斗制作安装。

(2)管道铁皮套管和钢套管制作安装工程量

详见第7章采暖工程

(3)管架制作与安装

管架分为一般管架、木垫式管架、滚动滑动式管架、弹簧式管架等。其制作安装均以千克为单位分别计算。

支架重量按支架所用钢材的图示几何尺寸计算，不扣除切肢开孔等重量，如采用标准图，其重量可按图集所列支架重量计算。水平钢管支架最大间距，见第7章采暖工程。

(4)其他项目安装

①水嘴安装，按其不同的直径、种类以个为单位分别计算。

②各类阀门安装，按其不同的直径、连接方式以个为单位分别计算。

③水表组成与安装，按其不同连接方式以个为单位分别计算。

水表组成与安装定额中已包括了相应的阀门费用，不得重复计算。

④室内消火栓，分单出口、双出口，按消火栓水枪喷嘴的不同以组为单位计算。

(5)卫生洁具安装

①浴盆安装，按材质、规格、供冷水或热水分别以组为单位计算。

③洗脸盆安装，按接管种类、开关方式、器具材质、规格、供冷水或热水分别以组为单位计算。

③大便器安装，分蹲式、坐式两种，按其型式、冲洗方式、不同材质分别以组为单位计算。冲洗蹲式大便器安装见图6-1。

④小便器安装，分挂式、立式两种，按其冲洗方式分别以组为单位计算。

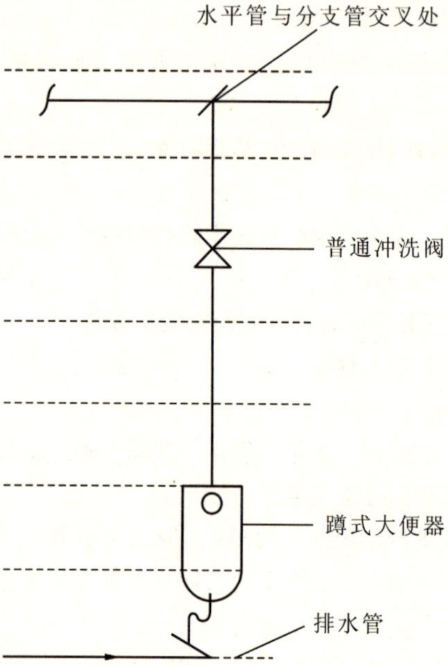

图 6-1 冲洗蹲式大便器安装示意图

(6)管道除锈、刷油、防腐

①管道除锈，除锈分人工、半机械、机械除锈及化学除锈等 4 种方式。管道除锈按其展开表面面积以平方米计算。各种管件、阀门的除锈已综合在定额内，不得另行计算。

②管道刷油、防腐，按其展开表面面积以平方米计算。若在管的绝热层或保护层外表面刷油、防腐时，计算表面面积时，绝热层或保护层应包括圆直径之内。各种管件、阀门的刷油已综合在定额内，不得另行增加。计算管道刷油、防腐工程量时，可参考定额后的附录。

(7)管道支架除锈、刷油

①公称直径 Dg≥40mm 的管道支架除锈刷油重量同其制作安装重量。

②公称直径 Dg≤32mm 的管道支架除锈刷油，根据标准图计算其重量。

6.1.2 工程量计算应注意的几个问题

(1)管道沟土石方及管道基础，应执行建筑工程定额。

(2)过楼板钢套管制作安装，执行室外钢管(焊接)定额子目。

(3)室内螺纹连接钢管 Dg32 以下的定额子目中已包括管卡及托钩制作安装。Dg32 以上钢管支架按管道支架另列项目计算。

(4)与卫生洁具相连接时，工程量计算。

①算给水管道工程量，遇普通阀门冲洗蹲式大便器时，管道延长米应算至水平管与分支管(便器冲洗给水管)交叉点处。交叉点的标高定额中是按 1.0m 考虑的，如实际工程中其标高超过 1.0m 时，多出部分可增加项目单独计算。

②计算给水管道工程量，遇冷热水钢管淋浴器时，管道延长米应算至水平管与支管的交叉点处。见表 6-1 及图 6-2。

③计算管道工程量，遇冷热水钢管洗脸盆时，给水管道延长米应算至水平管与支管的交叉点处。排水管道延长米应算至塑料存水弯处，存水弯已包括在洗脸盆安装中。见表 6-2 及图 6-3。

表6-1 冷热水淋浴器每组主要材料表(定额号: 8－370)

编号	名称	规格	材质	单位	数量
1	莲蓬喷头	Dg15	铜	个	1
2	支管	Dg15	镀锌	m	2.5
3	截止阀	Dg15	铜	个	2
4	三通	Dg15	镀锌	个	1
5	弯头	Dg15	镀锌	个	3
6	活接头	Dg15	镀锌	个	2

注：给出每组卫生洁具主要材料表，以提醒预算人员避免重复计算工程量。

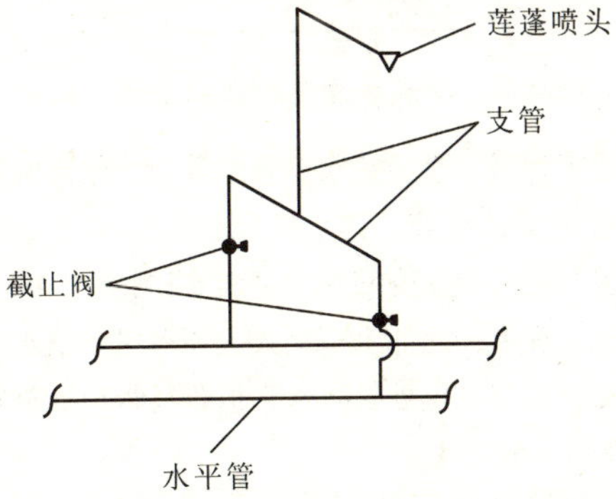

图 6-2 冷热水淋浴器安装示意图

表6-2 冷热水管洗脸盆每组主要材料表(定额号: 8－355)

编号	名称	规格	材质	单位	数量
1	洗脸盆		陶瓷	个	1
2	存水弯	Dg32	塑料	个	1
3	排水栓	Dg32	铜或塑料	个	1
4	洗脸盆架			付	1
5	立式水嘴	Dg15	铜镀铬	个	2
6	截止阀	Dg15	铜	个	2
7	支管	Dg15	镀锌	m	0. 8
8	弯头	Dg15	镀锌	个	2
9	活接头	Dg15	镀锌	个	2
10	铸铁下水管	Dg50		m	0. 45

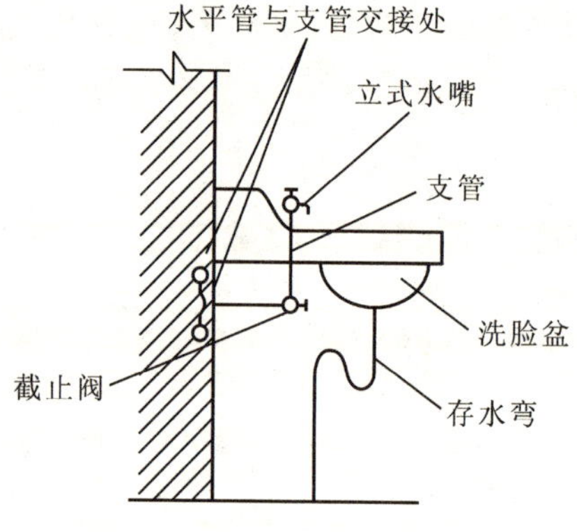

图 6-3 冷热水管洗脸盆安装示意图

④计算管道工程量，遇冷热水钢管浴盆时，给水管道延长米应算至水平管与支管的交叉点处。排水管道延长米应算至塑铸铁存水弯处，存水弯已包括在洗脸盆安装中。见表 6-3 及图 6-4。

⑤计算管道工程量，遇低水箱坐式大便器时，给水管道延长米应算至水平管与支管的交叉点处。排水管道延长米应算至与排水管交叉处。见表 6-4 及图 6-5。

表6-3 冷热水浴盆每组主要材料表(定额号:8-350)

编号	名称	规格	材质	单位	数量
1	浴盆			套	1
2	浴盆水嘴	Dg15	铜	个	2
3	浴盆排水配件	Dg40	铜	套	1
4	浴盆存水弯	Dg50	铸铁	个	1
5	钢管	Dg15	镀锌	m	0.3
6	铸铁下水管	Dg50		m	0.3
7	弯头	Dg15	镀锌	个	2

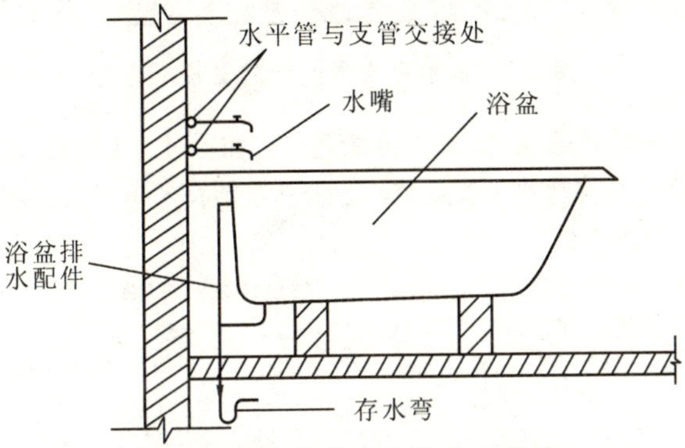

图6-4 冷热水管浴盆安装示意图

表6-4 低水箱坐式大便器每组主要材料表(定额号:8-379)

编号	名称	规格	材质	单位	数量
1	低水箱(带全部铜活)		陶瓷	套	1
2	坐式便器		陶瓷	个	1
3	坐式便器坐盖(带铜活)			套	1
4	铸铁下水管	Dg100	铸铁	m	0.45
5	镀锌钢管	Dg15	镀锌	m	0.3
6	弯头	Dg15	镀锌	个	1
7	活接头	Dg15	镀锌	个	1
8	角式截止阀	Dg15	铜	个	1
9	冲洗管及配件	Dg50	铜或塑料	套	1

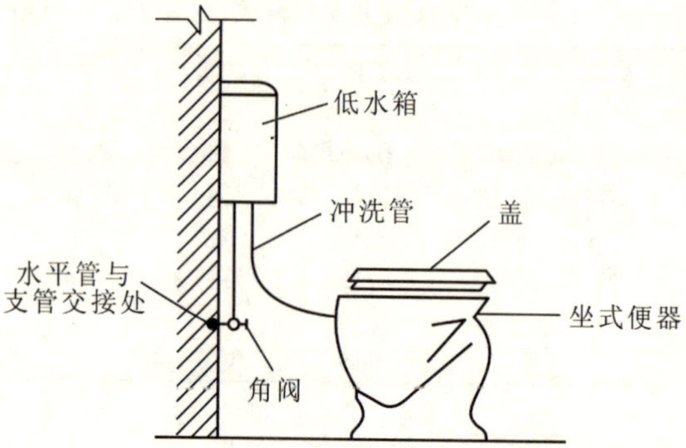

图 6-5　低水箱坐式大便器安装示意图

⑥计算管道工程量，遇高水箱蹲式大便器时，给水管道延长米应算至水平管与支管的交叉点处。排水管道延长米应算陶瓷存水弯处。见表 6-5 及图 6-6。

表6-5　高水箱蹲式大便器每组主要材料表(定额号: 8－375)

编号	名称	规格	材质	单位	数量
1	蹲式大便器		陶瓷	个	1
2	高水箱		陶瓷	个	1
3	冲洗管	Dg25	焊接管	m	2. 5
4	螺纹阀门	Dg15		个	1
5	存水弯	Dg100	陶瓷	个	1
6	钢管	Dg15	镀锌	m	0. 3
7	弯头	Dg15	镀锌	个	1
8	活接头	Dg15	镀锌	个	1

6. 1. 3　卫生器具每组主要材料及安装

冲洗蹲式大便器安装(见图 6-1)。

(1)冷热水淋浴器每组主要材料(见表 6－1)及安装(见图 6-2)。

(2)冷热水管洗脸盆每组主要材料(见表 6－2)及安装(见图 6-3)。

(3)冷热水管浴盆每组主要材料(见表 6－3)及安装(见图 6-4)。

(4)低水箱坐式大便器每组主要材料(见表 6－4)及安装(见图 6-5)。

(5)高水箱蹲式大便器每组主要材料(见表 6－5)及安装(见图 6-6)。

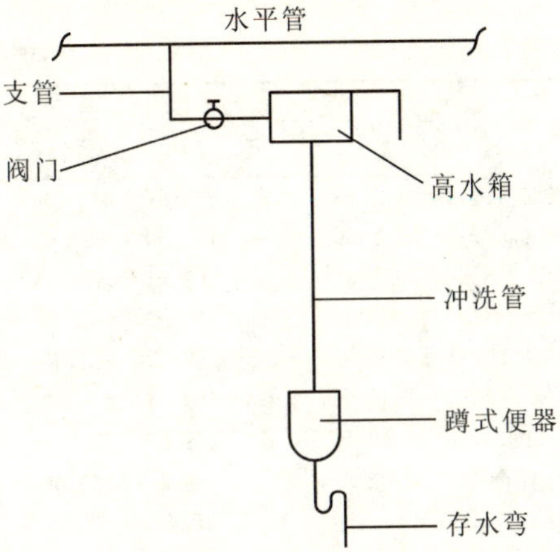

图 6-6 高水箱蹲式大便器安装示意图

6.2 排水铸铁管表面积

排水铸铁管表面积计算见表 6-6。

表6-6 排水铸铁管表面积

公称直径(mm)	壁厚(mm)	单位重量(kg/m)	单位表面积(m^2/m)
50	5	6.87	0.1885
75	5	9.93	0.2670
100	5	13.07	0.3456
125	6	19.60	0.4304
150	6	23.27	0.5089
200	7	35.80	0.6723

6.3 室内给排水工程预算书式样

室内给排水工程预算书式样，现以某学生公寓为例介绍如下(见表 6-7)。

表6-7 （给排水）工程预算书

工程名称：学生公寓　　　　2002年12月10日

序号	定额号	工程项目	单位	工程量	预算单价（元）	合价（元）	人工费（元）	机械费（元）
1	8－76	焊接管道(螺纹连接)Dg50	10m	1.5	278.84	418.26	104.25	4.71
2	8－72	焊接管道(螺纹连接)Dg20	10m	58.3	131.50	7666.45	3011.78	
3	8－132	铸铁排水管 DN200	10m	5.0	962.13	4810.65	406.95	
4	8－130	铸铁排水管 DN100	10m	11.0	511.92	5631.12	773.52	
5	8－128	铸铁排水管 DN50	10m	3.5	228.97	801.40	160.02	
6	8－400	铸铁地漏 DN50	10个	2.0	189.71	379.42	97.58	
7	8－403	铜盖扫出口 DN100	10个	0.6	293.69	176.21	26.94	
7	8－235	螺纹阀门 DN50	个	4	38.4	153.60	19.68	
8	8－231	螺纹阀门 DN20	个	6	10.49	62.94	11.10	
9	8－342	螺纹水表 DN50	个	4	121.57	486.28	37.72	
10	8－377	蹲式大便器(自闭冲洗)	10组	1.8	1807.83	3254.09	233.20	
11	8－387	立式小便器(自动冲洗)	10组	1.8	4883.82	8790.93	184.87	
12	8－15	钢套管 Dg32	10m	0.2	109.05	21.81	2.42	0.23
13	8－144	镀锌铁皮套管 Dg32	个	24	2.53	60.72	29.52	
14	8－152	一般管架制作安装	t	0.050	4280.44	214.02	30.33	32.59
15	13－2	管道除锈	$10m^2$	5.27	20.71	109.14	87.53	
16	13－8	金属结构除锈	100kg	0.680	14.04	9.55	7.53	
17	13－37	红丹防锈漆一道	$10m^2$	4.99	20.09	100.25	30.69	
18	13－52	沥青漆一道	$10m^2$	0.28	27.24	7.63	1.78	
19	13－53	沥青漆第二道	$10m^2$	0.28	24.11	6.75	1.65	
20	13－42	银粉漆一道	$10m^2$	4.99	13.65	68.11	31.74	
21	13－99	金属结构红丹防锈漆一道	100kg	0.68	16.35	11.12	3.62	
22	13－104	金属结构银粉漆一道	100kg	0.68	10.45	7.11	3.35	
23	13－126	防锈漆一道	$10m^2$	6.53	16.43	107.28	48.19	
24	13－128	银粉漆一道	$10m^2$	6.53	16.17	105.59	49.56	
25		以上小计				33460.43	5395.49	37.54
26		给排水工程脚手架搭拆费	5129.85×8%			410.39	102.60	
27		刷油工程脚手架搭拆费	265.64×12%			31.88	7.97	
28		定额直接费				33902.70	5500.06	37.54
29		其他直接费	5500.06×36%			1980.02	786.51	
30		直接费	33902.70＋1980.02			35882.72	6286.57	
31		综合取费	6286.57×94.39%			5933.89		
32		税金	41816.61×3.43%			1434.31		
33		合计	41816.61＋1434.31			43250.92		

7

采暖工程施工图的预算编制

7.1 采暖工程工程量计算方法

采暖工程工程量的主要内容包括：给回水管道安装，散热器安装，阀门、手动跑风门、自动排气阀等其他项目安装及除锈、刷油、防腐、保温。

计算采暖工程工程量时，以采暖系统编号顺序依次计算；一个系统工程量计算完后，再计算另一个系统；在一个系统中，先计算供水干管(分立管、水平管)、后计算回水干管、再计算支管(立管、水平管分别列式计算)；对于支管，有时分给水回水，有时不分，应根据设计图纸以便于计算工程量为原则。

7.1.1 散热器数量统计

散热器安装包括散热器的组装与安装。

散热器工程量计算

(1)按片数或长度分别计算各自组数；

(2)对于片状散热器，片数 = Σ组数(片数相同的组数) × 每组片数。

不带阀门的散热器安装每组增加两个活接头计算。

散热器数量可根据表 7-1 统计：

表7-1　散热器数量统计

散热器支管直径(mm)	Dg15	Dg20	Dg25	合计
散热器组数				
散热器片数				
增加活接头个数				

7.1.2 管道延长米计算

室内与室外划分界限是：以入户阀门或建筑物外墙皮 1.5m 为界。

给、回水管道安装工程量是按不同材料、不同连接方式、不同接口材料、不同管径等，以延长米为单位分别计算。各种管道均以施工图所示中心线长度为准计算管道的工程量。

各种管道的水平长度，用比例尺量取图中管道中心线长度，垂直长度按建筑剖面图、管道系统图所示标高来计算。各种阀门和管件(包括减压阀、疏水器、水表、伸缩器等)在管道中所占长度，已在定额中综合考虑，计算管道工程量时不再扣除。但伸缩器制作安装单列项目(不包括管材)。散热器所占长度应予扣除。

与散热器连接的水平支管，按进出口在一侧或进出口在两侧分别度量。进出口在一侧时，散热器中心至水平支管与立管交叉点的距离，减去散热器片数一半的长度，再加上支管煨弯增加长度，即为散热器水平连接支管长度；进出口在两侧时，散热器两侧水平支管与立管交叉点之间的距离，减去本组散热器片的长度，再加上支管煨弯增加长度，即为散热器水平连接支管长度。

每个乙字弯或抱弯的增加长度见表 7-2。

表7-2　每个乙字弯或抱弯的增加长度　(mm)

管道	乙字弯增加长度	抱弯增加长度
立管	60	60
支管	35	50

与散热器连接的立管长度，应扣除散热器所占长度；具体计算见图 7-1。

(1)如立管 1、立管 2 管径相同时，直接扣除散热器进出水口之间高度即可。

(2)如立管 1、立管 2 管径不相同时，立管 1 长度中应扣除散热器进水口距地高度，立管 2 长度中应扣除散热器出水口距地高度。

(3)管道套管工程量计算

①镀锌铁皮套管一般在管道穿墙或穿普通房间的楼板时设置，计算铁皮套管的个数一般就是按不同管径统计穿墙或穿楼板的次数，“铁皮套管制作”定额中所指的管径为主管(即被套管)的管径，而不是套管本身的管径。

②采暖管道穿厨房、卫生间楼板时或特殊情况下穿梁时要设钢套

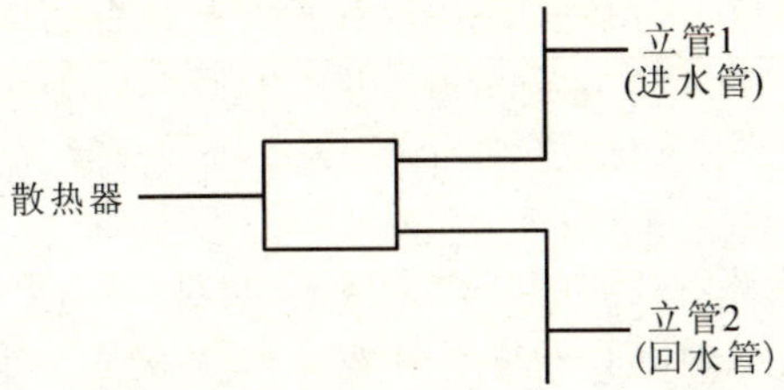

图 7-1 散热器与支管连接示意图

管，钢套管直径比被套管直径大 1 ~ 2 号。

穿楼板单个钢套管长度 = 楼板(包括面层)厚度 + 30mm

穿梁单个钢套管长度 = 梁的宽度

(4)管道支架制作安装重量计算

首先弄清那些地方设支架、设几个、支架的单个重量如何等。

室内管道支架设置原则：

①散热器支管长度大于 1.5m 时，应在中间安装管卡或钩钉。

②采暖立管管卡的设置：楼层层高≤5m 时，每层设一个；楼层层高 >5m 时，每层不得少于两个。

③水平钢管支架间距不得大于表 7-3 中规定的间距，如几根水平管共用一个支架且几根管径相差不悬殊时，其支架可取其中管径较小的支架间距。

表7-3 水平钢管支架最大间距规定

管子公称直径(mm)		15	20	25	32	40	50	70	80	100	125	150
支架最大间距(m)	保温管	1.5	2	2	2.5	3	3	4	4	4.5	5	6
	非保温管	2.5	3	3.5	4	4.5	5	6	6	6.5	7	8

管道支架分固定支架和活动支架，固定支架从图纸中统计，沿墙安装单管(水平管托架规格重量见表 7-4，水平管钩钉支架规格重量见表 7-5，单管立管支架规格重量见表 7-6，活动支架按下面公式计算。

单管活动支架数量 =(某规格管子长度 ÷ 该管子的最大间距) - 该管段固定支架个数；

多管活动支架数量 =(共管管段长度 ÷ 其中较细管的最大间距) - 该管段固定支架个数；

表7-4 沿墙安装单管(水平管)托架规格重量

管径(mm)	保温管托架		不保温管托架	
	支架型钢规格	单个重量(kg/个)	支架型钢规格	单个重量(kg/个)
50	∟50×5 ∟=410	3.68	∟50×5 ∟=410	3.68
70	∟60×6 ∟=430	4.49	∟50×5 ∟=430	3.78
80	∟65×6 ∟=440	4.82	∟50×5 ∟=440	3.84
100	∟75×6 ∟=480	5.65	∟65×6 ∟=480	5.18
125	[8 ∟=510	6.00	∟75×6 ∟=510	5.91
50	[8 ∟=530	6.20	[8 ∟=530	6.20

表7-5 水平管钩钉支架规格重量

管径(mm)	扁钢规格和长度(mm)	单个重量(kg/个)
Dg15	—12×4 L=150	0.04
Dg20	—12×4 L=160	0.05
Dg25	—12×4 L=200	0.07
Dg32	—16×5 L=230	0.11
Dg40	—20×6 L=240	0.19
Dg50	—25×8 L=290	0.33
Dg70	—40×12 L=345	0.39

表7-6 单管立管支架规格重量

管径(mm)	扁钢规格和长度(mm)	单个重量(kg/个)
Dg15	—20×3 L=270	0.14
Dg20	—20×3 L=290	0.16
Dg25	—20×3 L=310	0.17
Dg32	—20×3 L=340	0.18
Dg40	—20×3 L=360	0.19
Dg50	—20×3 L=400	0.20

(5)阀门、自动排气阀、手动跑风门数量统计

阀门、自动排气阀、手动跑风门应按不同规格分别统计其数量

(6)刷油、绝热工程量计算。

①管道刷油，根据设计做法，按管道展开面积以平方米为单位计算。管道刷油长度数值同管道安装工程量。

②铸铁散热器刷油，暖气片表面面积为刷油面积。无暖气片表面面积时，可按其散热面积计算。

③管道支架除锈、刷油：公称直径 Dg≥40mm 的管道支架除锈刷油重量同其制作安装重量；公称直径 Dg≤32mm 的管道支架除锈刷油工程量根据标准图计算。

④绝热工程量计算。

7.2 室内采暖工程预算书式样

室内采暖工程预算书式样，现以某学生公寓为例介绍如下(见表7-7)。

表7-7 (室内采暖)工程预算书

工程名称：学生公寓 2002 年 12 月 10 日

序号	定额号	工程项目	单位	工程量	预算单价(元)	合价(元)	人工费(元)	机械费(元)
1	8-73	焊接管道(螺纹连接)Dg25	10m	1.5	170.50	255.75	87.95	1.70
2	8-72	焊接管道(螺纹连接)Dg20	10m	40	131.50	5260.00	2066.40	
3	8-235	螺纹阀门 DN50	个	2	38.4	76.80	9.84	
4	8-231	螺纹阀门 DN20	个	16	10.49	167.84	29.60	
5	8-437	铸铁四柱散热器	10 片	20	179.95	3599.00	278.80	
6		油任	个	30	1.50	45.00		
7	8-286	自动排气阀	个	2	69.07	138.14	8.62	
8	8-288	手动放风阀	个	0	2.01	60.3	18.60	
9	8-15	钢套管 Dg32	10m	0.2	109.05	21.81	2.42	0.23
10	8-144	镀锌铁皮套管 Dg32	个	24	2.53	60.72	29.52	
11	8-152	一般管架制作安装	t	0.050	4280.44	214.02	30.33	32.59
12	13-2	管道除锈	$10m^2$	5.27	20.71	109.14	87.53	
13	13-8	金属结构除锈	100kg	0.680	14.04	9.55	7.53	

（续）

序号	定额号	工程项目	单位	工程量	预算单价（元）	合价（元）	人工费（元）	机械费（元）
14	13－37	红丹防锈漆一道	$10m^2$	4.99	20.09	100.25	30.69	
15	13－52	沥青漆一道	$10m^2$	0.28	27.24	7.63	1.78	
16	13－53	沥青漆第二道	$10m^2$	0.28	24.11	6.75	1.65	
17	13－42	银粉漆一道	$10m^2$	4.99	13.65	68.11	31.74	
18	13－99	金属结构红丹防锈漆一道	100kg	0.68	16.35	11.12	3.62	
19	13－104	金属结构银粉漆一道	100kg	0.68	10.45	7.11	3.35	
20	13－2	暖气片除锈	$10m^2$	6.0	20.71	124.26	99.66	
21	13－126	防锈漆一道	$10m^2$	6.0	16.43	98.58	44.28	
22	13－128	银粉漆一道	$10m^2$	6.0	16.17	16.17	45.54	
23	13补－1	聚氨酯泡沫保温层	$10m^3$	0.25	1942.18	485.55	111.52	
24	13补－6	一布二漆保护层	$10m^2$	0.35	173.10	60.59	28.13	
25		以上小计				11004.19	3059.10	
26		采暖工程脚手架搭拆费	2562.08×8%			204.97	51.24	
27		刷油工程脚手架搭拆费	497.02×12%			59.64	14.91	
28		采暖工程系统调整费	3059.10×15%			458.87	91.77	
28		定额直接费				11727.67	3217.02	37.54
29		其他直接费	3217.02×36%			1158.13	460.03	
30		直接费				12885.80	3677.05	
31		综合取费	3677.05×94.39%			3470.77		
32		税金	16356.56×3.43%			561.03		
33		合计				16917.59		

8

电气工程施工图的预算编制

8.1　电气工程的工程量计算规则

8.1.1　室内电气工程工程量计算规则

一般电气工程工程量的主要内容包括：配管、配线工程，进户装置安装，灯具、配电箱、接线盒、开关、插座、电铃、电扇照明器具安装等，防雷及接地装置。

(1)配管、配线工程

①灯具、明暗开关、插座、按钮等的预留线已分别综合在有关定额项目内，编制预算时，不另计算以上预留线工程量。但配线进入开关箱、柜、板的预留线，按表8-1规定的预留长度，分别计入相应工程量内。

表8-1　连接设备导线预留长度规定

序号	项目	预留长度	说明
1	各种开关箱、柜、板	高+宽	盘面尺寸
2	单独安装(无箱、盘)的铁壳开关、闸刀开关、启动器、母线槽进入线盒等	0.3m	以安装对象算起
3	有地平管子出口引至动力接线箱	1m	以管口算起
4	电源与管内导线连接(管内穿线与软、硬母线接头)	1.5m	以管口算起
5	出户线	1.5m	以管口算起

②各种配管工程量计算，不扣除管路中间的接线盒、箱、开关盒等所占长度。

③穿线定额中，照明与动力分别综合了接头线长度，编制预算时

不再计算接头工程量，照明线路只编了 4mm^{2}以下的，4mm^{2}以上按动力穿线定额执行。

④配管工程未包括接线箱、支架制作安装等内容，应另列项目计算。

(2)照明器具

①各种灯具的引线，除注明外，均已综合在定额内，使用时不得换算。

②定额中已包括了利用摇表测量绝缘及一般灯具的试亮工作(但不包括调试工作)。

8.2 工程量的计算方法

工程量计算顺序：一般按先干回路，后支回路；即：进户→总配电箱→各分配电箱→各支回路。

不论是干回路还是支回路，管、线应分回路连续依次计算，计算完管长度后马上就计算线长度。

支回路，按支回路编号从小到大的顺序，分回路按着：管→线→开关、灯具、接线盒、灯盒等顺序计算。

在计算书中，应列明管的材质、管径、是明配还是暗配，线号，开关、插座、电扇、灯具型号和安装方式、配电箱型号安装方式等，以便于今后的查询、核对。

在计算管线工程量时，通常不采用计算公式计算。水平管道长度用比例尺在图中量取，垂直管道长度按电气说明中盘、柜、箱、开关等安装高度并对照建筑立面图、剖面图的有关尺寸计算，配线工程量以相应管道长度为基数进行计算。

同一回路管、线工程量之间关系：

回路各型号线长度 =(同一回路管道长度加上“连接设备导线预留长度表”中规定的导线预留相应长度)×各型号导线根数。

注：并非每一个回路都需要加导线预留长度，是否加、加多少应根据工程设计图纸及“连接设备导线预留长度表”来确定。

8.3 电气工程预算书式样

电气工程预算书式样，现以某学生公寓为例介绍如下(见表8-2)。

表8-2 (电气)工程预算书

工程名称：学生公寓　　　　2002年12月10日

序号	定额号	工程项目	单位	工程量	预算单价(元)	合价(元)	人工费(元)	机械费(元)
1	2-1312	横担	根	1	71.52	71.52	7.59	
2	2-439	照明配电箱	台	3	1129.88	3389.64	196.80	153.45
3	2-751	阻燃塑料管暗配 VG20	100m	15	412.22	6183.30	1494.45	534.60
4	2-754	阻燃塑料管暗配 VG32	100m	1	638.96	638.96	149.45	53.45
5	2-773	管内穿线 BV-2.5mm^2	100m	40	122.86	4914.40	812.00	
6	2-774	管内穿线 BV-4mm^2	100m	4.6	145.70	670.22	64.12	
7	2-948	尖扁圆吸顶灯 60W φ250mm	10套	0.6	337.85	202.71	26.57	
7	2-984	成套单管吸顶荧光灯 40W	10套	6.0	334.35	2006.10	266.94	
8	2-1032	单孔板把开关	10套	6.6	47.31	312.25	115.04	
9	2-1047	五孔安全插座 10A	10套	24	82.29	1974.96	408.48	
10	2-1069	吊风扇 φ1400mm	台	60	138.68	8320.80	529.20	
11	2-943	接线盒	10个	30	49.59	1487.70	76.90	
12	2-943	插座盒	10个	24	38.39	921.36	221.52	
13	2-944	开关盒	10个	6.6	31.29	206.51	64.94	
14	2-944	灯头盒	10个	12.6	32.11	404.59	123.98	
15	2-1216	地极	根	3	44.06	132.18	19.68	12.93
16	2-1222	户外接地母线-40×4	10m	2.0	106.64	213.28	127.10	6.90
17	2-1223	户内接地母线-40×4	10m	3.0	86.39	259.17	85.50	28.41
18	2-1251	避雷网沿混凝土块敷设	10m	1.5	49.65	74.48	28.91	16.80
19	2-1252	避雷网沿墙板支架敷设	10m	6.0	111.92	671.52	340.79	134.64
20	2-1253	混凝土块制作	10块	3.0	18.11	54.33	28.92	
21	2-1415	接地极调试	组	1	82.00	82.00	82.00	
22	2-1376	送配电系统调试	系统	1	319.26	319.26	246.00	69.60

（续）

序号	定额号	工程项目	单位	工程量	预算单价（元）	合价（元）	人工费（元）	机械费（元）
23								
24		小计				33511.31	5716.88	1010.75
25		其他直接费		5716.88 ×36%		2058.08	817.51	
26		直接费				35569.39	6534.39	
27		综合取费		6534.39 ×94.39%		6167.81		
28		税金		41737.20 ×3.43%		143159		
29		合计		41737.20 +1431.59		43168.79		

9

建筑工程概算的编制

9.1 建筑工程概算的作用及分类

9.1.1 建筑工程概算

建筑工程设计一般可分为初步设计、技术设计(也称扩大初步设计)和施工图设计三个阶段。

建筑工程概算是指在初步设计阶段编制，由设计单位根据设计图纸、概算定额(或概算指标)、费用定额编制的工程建造设费用文件。

工程概算文件是设计文件的重要组成部分。

9.1.2 工程概算作用

(1)工程概算是国家控制工程建设投资额、编制工程建设计划、实行工程建设包干的依据。

经过审查批准的工程建设投资额，是国家控制工程建设投资的最高限额。无论是安排年度建设计划还是拨款或贷款，都以工程概算为依据。

(2)工程概算是编制工程建设招标标底和投标报价的依据。

(3)工程概算是衡量设计方案是否经济合理的依据。

当设计项目的各个设计方案提出后，可以利用工程概算或总概算的造价指标及主要材料消耗指标，进行技术经济分析，评价设计方案的先进性、合理性，找出在设计方案存在的浪费和保守现象，促进工程设计质量不断提高。

(4)可作为签订承包合同，办理拨款、贷款及工程结算的依据。

9.1.3 工程概算分类

工程概算按其工程特征，可分为建筑工程概算和设备及安装概算两大类。

建筑工程概算可分为一般土建工程概算、给排水工程概算、采暖通风工程概算、电气工程概算等。

设备及安装概算可分为机械设备及安装概算、电气设备及安装概算。

工程概算按其编制程序，又可分为单位工程概算、单项工程概算、其他工程和费用概算、总概算。

9.2 单位工程概算编制方法

9.2.1 基本概念

(1)单位工程概算是指在初步设计阶段(或扩大初步设计阶段)，根据单位工程设计图纸、概算定额(或概算指标)以及各种费用定额等技术资料编制的单位工程建设费用的文件。

单位工程一般是指具有独立设计文件，可以独立组织施工和单独成为核算对象，但建成后一般不能单独发挥生产能力或工程效益的工程项目。

建筑工程通常包括：一般土建工程、电器照明工程、给排水工程、采暖通风工程等单位工程。

设备及安装工程通常包括：机械设备及安装工程、电气设备及安装工程等单位工程。

(2)单项工程概算。它是确定某一单项工程(如生产车间、独立公用设施或构筑物等)全部建设费用的综合性文件。

单项工程一般是指在一个建设项目中，具有独立设计文件，可以独立组织施工，建成后可单独发挥生产能力或工程效益的工程项目。例如，一座工厂的各个生产车间、办公楼、礼堂及住宅楼等，一所医院中的病房楼、门诊楼等。单项工程由单位工程组成。

9.2.2 单位工程概算编制方法

单位工程概算编制方法有几种，现仅介绍其中常用的两种方法。下面以一般土建工程为例介绍单位工程概算的编制方法。

(1)根据概算定额编制单位工程概算

初步设计阶段(或扩大初步设计阶段)，当建筑和结构设计图纸及有关说明比较齐全时，有关数据基本满足用概算定额编制概算的要求。

根据概算定额编制单位工程概算与利用预算定额编制施工图预算的方法基本相同。编制步骤如下。

①计算单位工程扩大分项工程量

根据初步设计图纸、扩大分项工程项目划分规定及扩大分项工程量计算规则，计算各扩大分项工程量。

对于扩大分项工程量中未包括的一些零星工程项目，工程量计算时可以不计算，最后以占工程概算造价的百分比来表示。但也有些地区已把零星工程项目的费用分别综合在概算定额中，可不必单独计算这些费用。

②计算单位工程概算直接费

根据已计算出的扩大分项工程量和概算定额，计算单位工程概算直接费。单位工程概算直接费可用下式表示：

单位工程概算直接费 = Σ（扩大分项工程量 × 相应概算定额基价）+ 其他直接费

③计算施工管理费

施工管理费 = 单位工程概算直接费 × 相应费率

④计算技术经济指标

⑤计算其他间接费、利润及税金

根据相应费率标准及规定计算。

⑥计算单位工程概算造价

单位工程概算造价 = 概算直接费 + 施工管理费 + 其他间接费 + 利润 + 税金

⑦工料分析

(2)根据概算指标编制单位工程概算

当设计深度不够，图纸和工程数据等资料不齐全时，可利用概算指标编制单位工程概算。编制步骤如下。

①根据设计要求和建筑结构特征，建筑物基础、墙、柱、梁、楼地面、屋盖、门窗及内外装修等用料和材料说明，选用与设计结构特征及上述内容相符的概算指标。

②根据设计图纸计算建筑面积。

③将建筑面积乘以概算指标内的技术经济指标（单位建筑面积直接费指标），求得单位工程概算直接费。

④将单位工程概算直接费乘以施工管理费定额，计算出施工管理费。

⑤计算技术经济指标

⑥计算其他间接费、利润及税金

⑦计算单位工程概算造价

单位工程概算造价 = 概算直接费 + 施工管理费 + 其他间接费 + 利润 + 税金

⑧工料分析

在编制工程概算时，当设计对象的平、立剖面示意图及结构特征与概算指标有局部不同时，需对概算指标进行修正后方能使用。修正的方法是：

从原指标的单位造价中减去每平方米建筑面积换出结构的造价，加上每平方米建筑面积换入结构的造价，即得每平方米造价的修正指标。用式子可表示为：

每平方米造价的修正指标 = 原概算指标每平方米造价 + 换入结构的造价 - 换出结构的造价

附录　厦门某科技有限公司办公楼装修投标书

厦门×××网络科技有限公司
办公楼装修

投

标

书

厦门市×××建筑装饰工程有限公司
2007－11－13

目录

企业简介

厦门×××建筑装饰工程有限公司于1994年9月16日成立，注册资金为人民币1000万元，经建设部审定为建筑装饰专项工程设计甲级资质，福建省建设厅审定为建筑装修装饰工程专业承包二级资质；2005年取得安全生产许可证；2005年获得质量管理体系ISO9001:2000认证证书；2005年获得福建省同行业二十强企业；2005年福建建筑业综合实力装饰装修十强企业；2006年获福建省先进建筑业企业及信得过荣誉称号。2007年获福建省“闽江杯”奖（省建筑装饰优质工程）。

投标承诺书

致:厦门×××网络科技有限公司

1. 经考察现场,以及审阅议标文件之后,我们根据施工图纸和有关要求提供了工程概预算报价书,愿依据上述文件,按人民币____________万元的金额,或按上述有关细则确定的其他金额,承担上述整个工程的施工及按时保质保量完成。

2. 本投标书连同被你们接受的其他书面文件,将成为我们双方之间具有约束力的合同一部分。

3. 我们同意你们不一定必须接受最低或任何报价书。

4. 我们同意在接到你们要求接管工地的通知后当天接管工地。

5. 本工程施工质量达到优良标准。

6. 其他补充事项:

投标单位法人:(签章)______________投标单位(签章)______________

日期:2007年11月23日

一　编制说明

(一)本工程施工组织设计编制依据

(1)厦门×××网络科技有限公司招标要求;

(2)甲方所提供的装修设计图纸;

(3)按甲方所指明的装修项目;

(4)建设部及厦门市有关建筑装饰施工规范及验收标准规范;

(5)高级建筑装饰工程质量检验评定标准;

(6)安全法规及市安全监督站有关规定;

(7)现场实际情况和环境;

(8)本公司技术、机械、劳力、资金等情况。

(二)本施工组织设计的重点

对工程的施工部署,施工管理体系,安全生产,文明施工以及工期控制等进行科学合理的设计,以期达到预定的效果。

(三)本工程施工组织设计未尽事项

本工程施工组织未尽事项在今后的施工过程中可在此施工组织设计中根据实际情况进一步完善、修改和补充。

二　工程综合说明

(一)工程概况

1. 建设概况

(1)工程名称:厦门×××网络科技有限公司装修工程

(2)工程地点:厦门××××

(3)建设单位:厦门×××网络科技有限公司

(4)设计单位:厦门×××装饰设计工程有限公司

2. 施工概况

(1)施工范围:4~6公用办公区及独立办公区装饰、水卫、电气(含配电设备)、综合布线、安防系统、空调系统、消防改造等各种系统的施工。

(2)施工条件:现场具备施工条件,用电容量充分、临时用水充足。

(3)施工特点:本工程属办公空间装修,室内装修工作量较大,作业班级多,交叉作业多,各专业相互配合多。因此必须合理安排施工流向及施工工序;又因工程时间紧、工作量大等特点,应注意加强施工工序的合理安排,做到合理、有序进行,并做好成品保护工作。

(二)施工部署

1. 施工管理

实行“项目法”管理,在施工现场组建“项目经理部”,组成项目领导决策层,下属各职能层向项目经理负责,分管工程的施工进展、质量、安全生产、成本控制、文明施工、行政后勤工作及外协工作等。

2. 劳动力的安排

劳动力安排进场需根据本工程施工现场工作进度的需要、工种的区别及特殊性有序地布置安排。所有劳动力的安排需在每个部分工序之前进场,对现场进行熟悉,就工序工种的劳动力进场前需安排好工序的交接、交验。劳动力进场在不影响其他工序的情况下交叉进入,有序进场布置投入施工。分专业按以下几部分顺序如期进场。

(1)开工之日,首先安排管理人员及施工人员与施工班组,进行现场放样,材料报检并进场,同时组织施工人员对需要拆除的墙体进行拆除。

(2)泥水工开工第1天进场,先确定各部位水平及标高,明确工程量,前期其主要工作为砖墙砌筑粉刷,拟安排6人,后期主要工作为地面水泥砂浆找平、墙地面砖、石材铺贴,拟分为4组,每组5人,两人机动,共计22人。

(3)开工第4天,安排水电工进行电气管线,给排水管道敷设,拟安排水电工8人,约20天完成安装隐蔽工程。在涂饰工程接近完工,进行灯具、开关面板、洁具等安装、调试,确保工程如期完工。

(4)吊顶工开工第2天即进场进行放样,确定吊顶票高,在第8天开始打吊件及安装轻钢龙骨等工作,与安装工程配合,穿插进行施工,等安装工程隐蔽验收后,吊顶即开始封板,拟安排3个班组,每组4人,共12人,依施工面异型情况适时增减人员。

(5)细木工于第14天进场,主要工作为木作造型、木门扇及防火板隔断施工,拟安排3个班组,每个班组6人,计约18人。

(6)涂料工种第22天进场,负责天棚和墙面批腻子,刷喷乳胶漆以及木门框、木门扇、木窗套木窗、踢脚线等木材面喷涂料等工作，乳胶漆拟安排12人，涂料拟安排6人左右，计18人左右。

(7)玻璃及不锈钢、铁件制作安装人员在第22天后陆续进场施工，此工序应视施工现场进展情况，适时交叉施工，施工人员8～10人左右。玻璃安装工程专业性强，将安排厂家施工人员施工。

(8)地毯、木丝水泥地板、墙纸裱糊工程，均由厂家专业施工队伍施工，此项工程在整体工程将完工前两星期安排施工。

(9)根据本工程时间较紧，无法等上一道工序全部完成再安排下一道工序，只能采取施工项目穿插进行施工。施工人员采取滚动式的工作方法，各工种紧密配合、交叉作业；项目经理部根据工作面和各工序交接实际情况，适时增加各个工种的施工人员，以确保整个施工现场高效、有序，在预定的工期内高质量地完成本工程装修改造任务。

整个工程拟投入106人，确保工程按期完成，交付甲方验收使用。

3. 施工管理目标

杜绝火灾事故和人员伤亡事故，现场安全生产达标。

(1)工程质量目标：确保本工程质量达到优良标准。

(2)施工工期目标：建设单位要求工期75个日历天，本公司拟通过优化管理、优化组合、优化安排施工操作面等途径，以确保工期。

(3)安全目标：杜绝火灾事故和人员伤亡事故，现场安全生产达标。

(4)文明施工目标：严格执行厦门市政府的“创卫”要求和环保条例。确保现场文明施工达标。

三　施工组织管理

为了加强装饰工程的质量，保障本公司的合法权益和开展正常的生产经营活动，更好地为社会提供舒适、优美、恬静的工作和生活环境，为现代水平的装饰业做贡献。为此公司必须明确各管理人员岗位职责，加强现场施工组织管理。

（一）组织机构表（详见项目班子配备表）

（二）施工前准备工作

(1)认真熟悉施工图，明确设计意图，对设计中存在的问题及不明确的方面，配合设计人员做好图纸会审的工作，同时请设计人员做好设计交底工作。

(2)熟悉施工材料,配合建设单位做好材料的选定工作,采购部应及时依明确的材料样品进行采购准备及采购工作,对市场难以采购或质量无法保证的材料,应及时反映给建设单位,便于建设单位进行更换或外地组织材料。

(3)施工管理人员,对施工班组进场前应进行细致的技术及安全交底工作,并对施工人员进行安全考核,考核合格后方可进场施工。认真做好劳动力档案的管理工作。

(4)对所需的施工机械、机具及消防器材进行严格的检修、检测,经检测合格,满足使用要求后,方可投入使用。

(5)熟悉施工现场,依施工组织设计要求科学、合理的布置临时设计设施。做好雨季施工所需的准备工作。

(三)各管理人员的岗位职位及分工协作

管理人员包括项目经理、项目技术负责人、施工员、质检员、预算员、材料员、安全员、电工、班组长、运输人员、保安、试验员。

1. 项目经理

项目经理是企业法人在工程项目管理中的全权代表,是项目决策的关键人物,是项目实施的最高责任者和组织者。因此,项目经理在项目管理中处于中心地位。

装修工程项目是一种特殊而复杂的一次性活动,它包括诸多方面,为了保证项目建设按照客观规律和科学程序进行,为了统一意志、提高效率、取得管理的成功,就必须设置项目经理,使之在管理保证系统中处于最高管理者的地位。它对项目管理目标的实现,承担着全部责任,即承担合同责任,履行合同义务,执行合同条款,处理合同纠纷,并受法律的约束和保护。

项目经理对项目的实施进行控制,是各种信息的集散中心,通过信息的集散达到控制的目的,使项目管理取得成功。

项目经理的主要任务是:做好建设前期的工作,包括组织可行性研究,编写设计任务书,做选址决策,做好设计的组织与决策工作,编制项目建筑总进度计划和年度计划,为项目开工创造条件,实施招标工作,在项目建设实施阶段按合同规定组织配合施工,监督施工活动,组织工程预验收及正式验收鉴定,为项目投入使用做好准备,组织固定资产移交和投资决算，在全过程中组织协调项目建设，各方实现项目总目标节约投资，保证质量和工期。项目经理的职责如下。

（1）项目经理要向有关人员解释和说明项目合同、项目设计、项目进度计划及配套计划、协调程序等文件。

（2）落实建设条件，做好实施准备，包括组织项目做好落实征地、拆迁、三通一平，资金、设计、队伍等建设条件，在总体计划落实的基础上，进一步落实具体计划，形成切实可行的实施计划系统。

（3）落实设备、材料的供应渠道。

（4）协调项目建设中甲方、乙方之间，部门之间，阶段与阶段之间，地上与地下之间，项目与项目之间，土建与安装之间，安装与调试之间等关系，减少扯皮和梗阻。同时要通过职责划分把项目结构和组织结构对应起来，尽量减少这些关系（结合部），以便提高管理效率。

（5）建立高效率的通讯指挥系统，即理顺指挥调度渠道，配备现代化通讯手段，强化调度指挥系统，提高信息流转速度，提高管理效率。

（6）预见问题，处理矛盾。项目建设中发生矛盾也是有规律可循的，是可以预见的，但要求项目经理有丰富的经验。预见到矛盾以后，预先采取措施防患于未然，以减少矛盾，解决矛盾时也应抓关键，项目经理不可充当“消防员”的角色。

（7）监督检查工期、质量、成本、技术、管理、执法等，发现问题及时通报业主或建设单位，防止施工中出现重大反复。

（8）注意在工作中开发人才、培养下属。

（9）组织好关键性会议。

（10）及时做好有关总结，促进管理 PDCA 循环的正常进行（PDCA 循环即在管理中始终执行计划、实施、检查、总结的循环过程）。

项目经理有权使用决策权、财务决策权、进度计划控制权、技术质量决策权、设备、物资采购决策权等。

2. 项目技术负责人

（1）协调好施工员、材料员、仓管员及财务、后勤的工作。

（2）施工前必须彻底弄清楚图纸的各项要求，同时根据要求编制好施工项目表，施工进度表和交叉作业表。

（3）施工期间必须与各施工员密切配合，向施工员交代各项目的技术要求和该注意的质量问题。

(4)凡在施工中所出现的问题必须及时做出处理，若遇自己无法解决的项目变更等复杂事项则需做好工程记录，并及时向项目经理提出，尽快协调，争取做到当日解决。

(5)认真检查所属工种的每一道工序，如有出入必须及时给予纠正，注明更改项目等记录。

(6)经常保持与仓管员的联系，确保材料供应及时，若发现库存材料不足，应提前通知材料员购买。

(7)做好内业资料管理工作。

(8)做好劳力安排计划工作。

3. 施工员

(1)管理其属下各班组、组长。

(2)直接管理工程的质量和进度，对工地的各种情况向上汇报、向下传达。

(3)对各班组的员工应严格要求，在施工中应保证质量要求，一旦出现差错应立即给予纠正。不得因此而影响下道工序的进行。

(4)经常与现场负责人取得密切配合，施工中如有问题应及时提出商讨，以取得妥善处理。

4. 质检员

(1)把工程质量的前期工作做好，在学习、初审、会审、综合会审图纸时，由项目经理组织，招集工段长、技术员、施工员、质检员、预算员及老师傅进行图纸会审。

(2)做好技术交底工作，把施工图纸交底、施工组织设计交底、设计变更交底及分项工程技术交底真正落实到相关人员身上。

(3)认真做好材料检验工作，施工现场的装修、装饰材料，必须出具供应部门提供的合格证明，并在使用前进行抽验、复验，证明合格方可投放使用。

(4)在施工过程中对重要或影响全过程的技术工作必须在分部工程正式施工前进行复核，以免发生重大差错，影响工程的质量和使用。

(5)认真配合建设方、设计方，一丝不苟地做好隐蔽工程的验收工作的签证手续。隐蔽工程的验收记录必须归入工程技术档案，特别强调做好施工过程的各种暗敷电气线路的位置、规格、标高、弯度、防腐、接头等情况；电缆耐压绝缘试验记录及签证，如有重要部位改变时应摄影以备考查。

(6)认真做好工程竣工验收工作,由项目经理牵头,分别招集由各级施工单位负责组织建设单位、设计单位及公司有关人员共同进行。所有各分部工程项目都要严格按照建筑安装工程质检评定质量等级,办理验收手续,填写竣工验收记录,把竣工验收文件归入工程技术档案。

(7)协助各部门人员认真绘制竣工图纸,集中后并交付各有关职能部门存档。

5. 预算员

(1)做好设计方案的选择,基础资料的系统积累的设计和施工技术经济分析。

(2)根据国家的方针政策及地方基建主管部门对预算方面的具体规定,按认真审核全套施工图纸,对整个工程的工、料、费进行分析,及时、准确地编出工程项目预算。

(3)按规定程序编制或审查预算工作文件,并上报主管部门审批。

(4)坚持原则,实事求是,严守纪律,端正经营思想,严格执行政策,努力提高业务水平,反对弄虚作假,高估冒算和浪费资金、人力、物力的行为。

(5)经常深入现场,了解和掌握设计,施工的变更情况,与各专业管理工作保持密切联系,确保合理收入,严格控制支出。

6. 材料员

(1)对施工现场所需的材料,必须认真熟悉并了解各种规格、等级要求,然后多方探讨,尽可能做到货比三家,在保证质量的前提下考虑合理的价格。

(2)凡材料入库均办理入库登记手续,由仓管员验收,出库时也应办理出库的领料手续,严防因管理不善而造成不必要的损失。

7. 安全员

(1)广泛深入施工现场开展安全生产标准规范,文明标化工地,完备安全防护用品和设备,施工工地需悬挂醒目的“加强管理,保障安全”的大幅标语,对施工管理人员、特殊工种、建筑“三工”进行安全培训教育。

(2)加强对施工现场假冒伪劣安全防护用品的打假力度,开展自查自纠工作和进行施工多发生性事故的专项治理工作。

(3)施工现场醒目处要张贴由建筑安全专业委员会编制的“预防高处坠落、触电”等标志。

(4)在现场中组织力量,开展“查隐患,抓整改,促安全”的安全生产检查监督活动,对查出的安全隐患,要采取有力措施,立即整改;对不具备安全生产条件的必须采取强硬措施,坚决予以取缔、消除。

(5)对施工现场机械设备自查,对不合格机械设备要远离施工现场。

(6)经常检查管理人员及现场的安全生产情况,发现问题及时解决或及时上报。

(7)对采购的劳动保护用品必须认真检查,符合规格标准,才能投入工地使用。

(8)积极贯彻和宣传上级的各项安全规章制度,并监督检查执行情况。

(9)对新工人或调来工作的工人在未分配到工作岗位前,要进行进入施工现场三级教育,讲解现场安全制度规定,现场的各类区域以及施工生产的一般要求,必要时指定有实际经验的老师进行安全操作指导等,用“以老带新”的方式进行教育。

(10)对施工人员的电动工具使用,保管维修人员进行安全技术教育,严格按照工具使用说明书的要求及实际使用条件,制订出相应的安全操作规程。

(11)对施工现场临时用电安全技术交底,做到施工临时用电工程中的特点直接接地的380/220V三相四线制的低压电力交流。

(12)教育施工现场各类用电人员掌握安全基本知识和专用设备的性能。

(13)教育好施工现场的电焊工必须持证上岗,强调做到严禁在带压力的容器或管道上施焊,把线、地线禁止与钢丝绳接触,更不得用钢丝绳或机电设备代替零线,施工现场周围应清除易燃易爆品,或进行覆盖、隔音。离开现场时,应切断焊机电源,并检查操作所在点,确认无起火危险时方可离开。

(14)教育好施工现场的涂料工,应把各类涂料和其他易燃材料,应置放在专用库房,不能与其他材料混放,挥发性油料应装入密闭容器内，妥善保管，并设置消防器材和“严禁烟火”明显标志，在采用静电喷漆时要有接地保护装置以避免静电聚集。

(15)教育好施工现场的玻璃工，搬运玻璃应戴手套，在高处安装玻璃应将玻璃放置平稳，垂直下方禁止通行，安装屋顶采光玻璃，应铺设手板或其他安全措施。

8. 电工

(1)负责将施工用电统一由控制箱引至各作业点，并在配电箱内安装漏电保护器，电线不能有破皮老化现象。

(2)保证施工及照明的用电安全。

(3)保证工地上的临时供电符合有关规定，电线不得乱控乱接。

9. 班组长

(1)必须熟练掌握装修施工图纸。

(2)督促班组人员按图纸进行下料施工，保质、保量、如期完成班组任务。

(3)协调现场管理人员，做好班组的日常管理工作。

10. 运输人员

在项目经理的统一指挥下，协调现场技术员、材料员、仓管员等做好各项运输任务，特别是应急材料的运输，避免操作工人停工待料现象的发生。

11. 保安

保证工地安全生产，做好防盗、防窃工作(具体职责详见《门卫保安制度》)。

四 施工方案及技术措施

(一)干挂花岗石

1. 施工工艺

测量放线→材料加工→主龙骨锚固件安装→主龙骨安装、焊接定位→次龙骨安装、焊接定位→金属结构防锈处理→金属骨架隐藏验收→花岗石预拼、选色→花岗石板安装、注入大力结构胶→泡沫条嵌缝→注入耐候胶并勾缝→表面清洗→检查验收。

2. 施工要点

(1)量放线：复核土建基准线，按设计分格要求，用经纬仪放线，主龙骨安装线主龙骨间距按实际花岗石高度为准,用水平仪测量,弹横向通线。

(2)主龙骨锚固件安装:将主龙骨锚固件直接焊在锚固板(用化学螺栓固定)上。

(3)主龙骨与锚固件连接:用镀螺栓穿过角码与主龙骨拧紧,螺帽并焊牢。

(4)主龙骨安装:主龙骨用镀锌钢板连接件上端焊牢,下端用镀锌螺栓连接,并注意互相间留伸缩缝。

(5)次龙骨与主龙骨连接:按设计要求及做法设置次龙骨伸缩缝,同时注意施焊受热变形,并及时采取措施。

(6)金属骨架防锈:全部金属结构包括主次角钢支撑,角码、螺栓等均选用镀锌产品,安装施焊后,还应除去药皮、焊渣后刷红丹防锈漆两遍、银粉漆两遍。

(7)花岗石板安装:安装时把色差相近的板材集中在一起,做到成品美观。采用的花岗石板挂件应符合设计要求。每块板材上、下各挂两点,使用挂件临时固定花岗石调平后,挂件一端填塞大力结构胶,另一端用不锈钢马车螺栓紧固于次龙骨上。花岗石板槽口深度留2~3mm余量,槽口距内表面距离不得小于板厚的1/2,花岗石板竖缝隙调匀后,用与石材同色的石材胶勾缝。

(8)擦洗表面:花岗石板安装后,应将表面擦洗干净。

(二)地面地砖粘贴

1. 技术准备

组织技术人员、施工管理人员认真熟悉图纸、会审记录、施工技术验收标准,做好技术交底及安全交底,并组织班组人员学习有关技术标准及操作规程,熟悉施工图纸,对铺贴地砖过程中的重点、难点部位提出解决办法,确保施工质量并按进度计划提出材料需用及加工计划。

2. 施工工艺

基层处理→找平→选砖→浸砖→放线→预排→贴砖→擦缝、勾缝→清洁及成品保护。

(1)基层处理:要求基层表面应具有足够的稳定性和刚度,对光滑的基层表面进行凿毛处理,凿毛深度应为0.5~1.5cm,间距3cm左右,基体表面残留的砂浆、灰尘及油渍等应用钢丝刷洗干净,明显不平的部位事先剔平或用1∶2.5的水泥砂浆补平。不同基体材相接处应铺钉金属网然后抹灰平。

(2)选材:根据设计要求,挑选规格一致,形状平整方正,不缺掉角,不开裂无凹凸扭曲,颜色均匀的砖块。方法:用钢卷尺和靠尺即可。

(3)放线:依照室内水平线,找出地面标高,按贴砖的面积,计算纵横的皮数,用水平尺找平,弹出水平控制线。用若干块废砖作标志块,作为粘贴厚度的依据,横向每隔3m左右做一个标志块,用拉线或靠尺校正平整度。

(4)预排:粘贴前要做好选砖预排,做到拼缝均匀。在同一墙面上的横竖排列,不宜有一行以上的非整砖。

(5)砖在粘贴前应将背面处理干净,并浸水2~3小时,待表面晾干后至手按砖背面无水迹时方可使用。

(6)砖粘贴宜用干贴法,即干水泥砂浆作基层,干湿度为手握能成一团不散为宜,在砖背刮10~20mm厚的素水泥浆粘贴即可。

(7)如遇有突出墙面的管线、灯具、设备支撑等,应采用整砖套割吻合,不得用非整砖拼凑镶贴。并且要做到表面平整,不显接花,接缝平直。

3. 基本要求及验收方法

(1)镶贴应牢固,表面平整干净,无漏贴、错贴,缝隙均匀周边顺直,砖面无裂纹、掉角、缺楞现象,采用自然光线下目测的方法验收。

(2)用小锤在地面上轻敲击,不得有空鼓声。

(3)有排水要求的地砖镶贴坡度应满足排水要求,与地漏结合处应密封牢固。

(4)地面镶贴尺寸允许偏差及验收方法符合表1的规定。

表1　地面镇贴尺寸允许偏差及验收方法　(mm)

项目	允许偏差	验收方法	
		量具	测量方法
表面平整度	≤2.0	2m靠尺,楔形塞尺	每次测量不少于两处,取最大值
接缝高低	≤0.5	钢直尺和楔形塞尺	
接缝平直	≤2.0	拉线钢直尺	
缝隙宽度	≤2.0	钢直尺	

(三)地面贴花岗石

1. 工艺流程

准备工作→试拼→弹线→试排→刷水泥浆及铺砂浆结合层→铺花岗石板块→灌缝、擦缝、打蜡。

2. 施工要点

(1)以施工大样图和加工单为依据,熟悉了解各部位尺寸和做法,弄清洞口、边角等部位之间的关系。

(2)基层处理:将地面垫层上的杂物清理,用钢丝刷刷掉黏结在垫层上的砂浆,并清扫干净。

(3)试拼:在正式铺设前,对每一房间的花岗石板块,按图案、颜色、纹理试拼,将非整块对称排放在房间靠墙部位,试拼后按两个方向编号排列,然后按编号码放整齐。

(4)弹线:为了检查石材的位置,在房间内拉十字控制线,弹在混凝土层上,并引至墙面底部,然后依据墙面的 +50cm 标高线找出面层标高,在墙上弹出水平标高线。

(5)试排:在房间内的两个相互垂直的方向铺两条干砂,其宽度大于板块宽度,厚度不小于3cm。结合施工图及房间实际尺寸,把石材板块排好,以便检查板块之间的缝隙,核对板块与墙面、柱、洞口等部位的相对位置。

(6)刷素水泥浆及铺砂浆结合层:试铺后,清扫干净地面,洒水湿润,刷一层素水泥浆。根据板面水平线确定结合层砂浆厚度,拉十字控制线,铺结合层干硬性水泥砂浆,厚度控制在放上石材板块时高出面层3~4cm。铺好后用大杆刮平,再用手抹子拍实找平(铺摊面积不能过大)。

(7)铺砌石材板块:板块应先用水浸湿,待擦干或表面晾干后方可铺设。根据房间拉的十字控制线,纵横各铺一行,作为大面积铺砌标所用。依据试拼时的编号、图案以及试排时的缝隙,在十字控制线交点开始铺砌。

(8)灌缝、擦缝:在石材铺砌后1~2天,进行灌浆擦缝,养护时间不少于7天。

(9)打蜡:当水泥砂浆结合层达到一定强度后,可进行打蜡。使面层光滑洁亮。

(四)轻钢龙骨纸面石膏板吊顶

1. 施工工艺

预检顶棚内各隐蔽项目→找平放线焊接吊杆安装→主龙骨－固定副龙骨→装横撑龙骨→拉线校平整→安装石膏板→补缝。

2. 施工要点

(1)弹线,把标高线弹到墙及柱的四周上。

(2)吊杆固定采用膨胀螺栓焊接08圆钢。

(3)吊杆与龙骨连接采用吊顶龙骨配套挂件。

(4)龙骨安装,按照预先弹好的位置线从一端依次安装到另一端。

在高低跨部位,先安高跨部位,后安低跨部位。吊杆间距控制在1.2m以内,次龙骨安装间距根据石膏板的规格进行调配,一般不大于600mm。

(5)龙骨调平:安装主龙骨时,随时检查主龙骨的标高是否在同一平面上,主龙骨调平后再安装次龙骨。

(6)对于检修孔、通风部位,在安装龙骨的同时,将其尺寸位置留出,将封边的横撑龙骨安装完毕。

(7)石膏板的固定:纸面石膏板在安装前应符合下列规定:第一,所有龙骨已调整完毕;第二,大型灯具等设备的吊杆布置完毕;第三,吊顶内的通风、水、电管道安装并调试完毕。板材应在无应力状态下进行固定,防止出现弯棱凸棱现象,石膏板的长板应沿纵向次龙骨铺设,自攻螺钉以25～30mm为宜,螺钉应与板面垂直,螺钉头的表面略埋入板面并不使板面破坏为宜,钉眼做防锈处理,然后用石膏腻子抹平,石膏板安装时应留5mm左右间隙,然后用腻子嵌入板缝,并填平贴上玻璃纤维带。

(五)墙、柱面饰面板工程

1. 施工工艺

弹线→制作木龙骨架→安装基层板→安装面层板→收口处理→打胶。

2. 施工前准备

(1)验收主体墙面是否符合设计要求。

(2)防潮处理,在比较潮湿的房间或容易吸潮的墙面,安装木龙骨以前用油毡或油纸铺放平整,搭接平密,不得有皱褶、裂缝、透孔等弊病。如用沥青，应待基层干燥后再涂刷沥青。

（3）木装饰施工材料进入施工现场，应按规格要求加工定板，板面材料、防火涂料、钉、胶等均应备齐。

3. 施工操作步骤

（1）根据设计要求，找好位置标高，进行弹线，木基层龙骨按设计规定分档尺寸，用 $\phi 8 \sim 10$ 冲击钻头打眼，孔距按设计规定，孔深不小于60mm，用木楔铁钉固定。

（2）木龙骨安装必须垂直、找直、找方。龙骨露空部分应涂刷防火涂料，然后在木龙骨上用枪钉铺钉 9～12mm 基层板。

（3）面板安装前应按规格尺寸事先放样裁割好。

（4）面板配好后进行试装，面板尺寸、接缝合适，观感较好才能正式安装。

（5）收口打胶：面板安装完毕后，在缝隙内注入密封胶成一条表面均匀的直线，刮去多余的密封胶并用干净布擦去胶迹。

（六）地面铺地毯

1. 施工工艺

清理地面→周边钉卡条→铺底胶、铺地毯面层（对纹路、对色泽、对底纹）→烫缝、清理。

2. 施工注意事项

地面必须平整、干燥，地毯拼接时应对纹路、对色泽、对底纹，用拼缝烫带连接，周边钉条牢固，布钉均匀；于墙边接合处平齐，不起波浪；门口设在门缝中间，从门外不见缝隙为佳；压边牢固、整齐；绒毛应理顺；保持干净，无油污等杂物。

（七）墙面、天棚面刷乳胶漆

施工工艺流程如下。

清理基层→刮底灰三遍→砂平→点补→刷底料→点补砂平→刷面料三遍成活。

（1）清理基层：基层表面必须坚实，无酥松、脱皮、起砂、粉化等现象，否则应铲除，除去表面的油污、灰尘、泥土等，清洗干净。表面要平整，如有大洞、裂缝等，需用弹性腻子批嵌，整个基层表面应以坚实平整具有小麻面状为佳，这样有利于腻子与墙体的黏结。

（2）基层含水率过高影响乳胶漆的附着力，虽然它的涂膜有一定的透气性，在未干透的基层上施工，含水率也应控制在10%以下，pH值也应在10以下。

（3）乳胶漆腻子也有相应要求，为更好地使乳胶漆具有防水、防潮功能，腻子中加入适量的白乳胶和醇酸清漆，使腻子更具黏结性和防潮、防水性。对微机室更应注意墙面的防潮、防水要求。

（4）乳胶漆在使用前必须充分搅拌，使之均匀，每次乳胶漆配料必须要充足，要同一批号，同一品牌，否则会影响整个装饰效果，而且容易出现"花脸"现象。

（5）刮墙使用的腻子，应坚实牢固、不粉化、走坡和裂纹，腻子干燥后，应打磨平整光滑并清理干净。

（6）乳胶漆的稠度必须控制，使其在刷料时不流坠，不显刷纹，施涂过程中不得任意稀释。

（7）乳胶漆必须在刷一遍干燥后再刷下一遍，表面平整度必须符合相关规定。

（8）成品保护对乳胶漆来说是相当重要的。施工好的乳胶漆表面严禁划伤、碰撞、污染。认真贯彻合理的施工程序，水电设备安装应提前，防止损坏乳胶漆表面。

（八）壁纸、强布施工方法及工艺

通常应在其他部位的涂料和装修工程完工后再贴壁纸。壁纸、墙布的图案、品种、色彩等均符合设计要求，并附有产品合格证。施工要点如下。

底层处理：墙面基层必须具有一定强度和质量标准，不松散、不起粉脱落、不潮湿发霉，墙壁面基本干燥，平整度合格，对麻点、凹坑、接缝等缺陷，用腻子修补填平，干固后用砂纸磨平。对木板底层，要求不外露钉头，钉头处要先刷防锈漆，再补平磨光。处理好的底层应该平整光滑，阴阳角线通畅、顺直、无裂痕崩角、无尘埃污物。

底层刷清油两遍，要求薄而均匀，不漏刷、不流淌。

墙面弹水平及垂直线，目的是使壁纸粘贴后的花纹图案、线条纵横连贯，作为操作时的依据标准。

核实壁纸的品种、花纹图案和色彩，当进料较多时，还应检查同一品种的生产批号是否相同，避免色差太大。

根据壁纸规格及墙面尺寸，统筹规划纸编号，并按顺序粘贴，要考虑完工后的花纹、图案、光泽效果，应该对接准确和纸顺方向一致。

壁纸上墙面前先用清水刷一遍，再均匀刷黏接剂一遍。粘接剂不能刷得过多过厚，以防溢出污染壁纸。但也不能太少或刷不到位，以防起泡离壳和黏接不牢。

壁纸粘贴首先要垂直，后对花纹拼缝，再用刮板用力刮压平整。阳角处不准留缝，挤刮出纸边的多余黏接剂要及时用干净的湿布擦净，保证纸面干净平整。一般彩搭口接缝，要待黏接剂干到一定程度时，才用刀具裁割，再刮压密实。

对裱糊好的墙面全面检查一遍，若有空鼓、气泡时要及时处理。

工程质量应符合下列规定。

(1)粘贴牢固，表面色泽一致，无气泡、空鼓、裂缝、翘边和斑污，斜视无胶痕。

(2)表面平整，无波纹起伏，壁纸与挂镜线、踢脚板和木线条紧贴，不得有缝隙。

(3)拼接横平竖直，拼接处花纹、图案吻合，不离缝、不搭接，距墙面 1.5m 处，正视不显接缝。

(4)阴阳角垂直，棱角分明，阴角处搭接顺光，阳角处无接缝。

对裱糊好的墙面要做好成品保护，要防止其他工种安装设备或配件时污染墙面。雨季要注意关好窗户，以免雨水浸入浇湿。

(九)涂料工程

施工工艺如下。

清扫、起钉、除油污等→磨砂纸→润粉→磨砂纸→第一遍满刮腻子→磨光→第二遍满刮腻子→磨光→刷涂料→第一遍涂料→拼色→复补腻子→磨光→第二遍涂料→磨水砂纸……第七遍涂料→磨光→擦亮。

(1)清扫、起钉、除油污是做涂料的基础，是保证质量的重要环节，必须要彻底。

(2)腻子满刮一定要到位，遍数要够，面要到位，磨光要均匀，磨水砂要充分。

(十)不锈钢栏杆

1. 工艺流程

安装预埋件→放线→安装立柱→安装扶手(与立柱连接)→打磨抛光。

2. 安装预埋件(后加埋件)

栏杆预埋件采用后加埋件,其做法是采用膨胀螺栓与钢板来制作后置连接件,先在土建基层上放线,确定立柱固定点的位置,然后在楼地面上用冲击电钻钻孔,安装膨胀螺栓,螺栓保持足够的长度,在螺栓与螺栓套间加设钢板,钢板的尺寸要保证不锈钢立柱下端装饰盖板能扣住为宜,钢板与螺栓定位以后,将螺栓拧紧同时将螺母与螺杆间焊死,防止螺母与钢板松动。扶手与墙体间的连接也采取上述方法。

3. 放线

由于后加埋件施工有可能产生误差,在立柱安装之前应重新放线,以确定埋板位置与焊接立杆的准确性,如有偏差及时修正。应保证不锈钢立柱全部落在钢板上且四周能够焊接。

4. 安装立柱

焊接立柱时,需双人配合,一人扶住钢管使其保持垂直,在焊接时不晃动,另一人施焊,并符合焊接规范。

5. 扶手与立柱连接

立柱在安装前,通过拉长线放线,根据所用扶手的圆度,在其上端加工出凹槽。然后把扶手直接放入立柱凹槽中,从一端向另一端顺次点焊安装,相邻扶手安装对接准确,按缝严密。相邻钢管对接好后,将接缝用不锈钢焊条进行焊接,焊接前,必须将沿焊缝每边 30~50mm 范围内的油污、毛刺、锈斑等清除干净。

6. 打磨抛光

全部焊接好后,用手提砂轮打磨机将焊缝打平砂光,直到不显焊缝。抛光时采用绒布砂轮或毛毡轮进行抛光,同时宜采用相应的抛光膏,直到与相邻的母材基本一致,不显焊缝为止。

(十一)铝扣板/铝格栅吊顶

1. 施工工艺

弹线→安装边龙骨→固定吊杆→安装龙骨→安装面扣板。

2. 施工要点

(1)弹线同纸面石膏板,因吊顶龙骨与成品饰面板配套使用,弹安装龙骨吊杆线时应首先根据饰面板的标准方格尺寸,再根据吊顶面积对分格位置进行布置。布置时尽量保证龙骨分格的均匀性和完整性,以保证吊顶有规整的装饰效果。

(2)弹完线后应立即固定边龙骨,安装时在龙骨上用电钻钻孔,然后再用钢钉固定,钢钉间距控制在500mm左右,转角处龙骨接缝严密,不能有毛刺。

(3)固定吊杆:因吊顶本身能承受的荷载小,吊杆布置的要点是考虑吊顶平整度的需要,吊杆的间距不宜过大,应控制在1~1.2m之间,吊杆在顶棚布置的其他要求同轻钢龙骨石膏板顶。

(4)骨及面板安装同轻钢龙骨石膏板吊顶,面板安装时应严禁撞击和碰伤、划伤,使平整度保持一致。

(十二)木作门窗套工程

1. 工艺流程

弹标高控制线→木龙骨基层(木龙骨刷防腐涂料、防火涂料)→木工板基层(木龙骨接触防腐涂料)→饰面板→钉装饰线条→门扇安装→刷涂料。

2. 施工方法

(1)弹线:在原墙上弹一控制标高线。

(2)木龙骨采用30mm×40mm木条,用70mm铁钉与打入墙内的木楔固定、固定前应检查墙身的平整度和垂直度,要求墙面误差在5mm内,同时,还应用锤线法和水平直线法检查骨架的垂直度和平整度。

(3)门窗套基层用12cm厚木工板,采用锤线法检查垂直度,用直角尺检查门窗套阴角方正。

(4)刷防腐及防火涂料:木龙骨及基层板背面均刷防火防腐涂料各三遍。

(5)施工饰面板及装饰线条。

(十三)墙面布艺软包

1. 工艺流程

原则上是房间内的地、顶内装修已基本完成,墙面和细木装修底板做完,开始做面层装修时插人软包墙面镶贴装饰和安装工程。工艺流程如下。

基层或底板处理→吊直、套木找规矩、弹线→计算用料套裁面料→粘贴面料→安装贴面或装饰边线刷镶边涂料→修整软包墙面。

2. 基层或底板处理

做好基层处理,制作好木作基层。

3. 吊直、套方、找规矩、弹线

根据设计图纸要求,把该墙面的装饰尺寸、造型等通过吊直、套方、找规矩、弹线等工序,把实际尺寸与造型落实到墙面上。

4. 算用料套裁填充材料和面料

首先根据设计图纸的要求确定软包墙面的具体做法。

5. 粘贴面料

如采取直接铺贴法施工时,应待墙面细木装修基本完成时,边框涂料达到交验条件,方可粘贴面料。

6. 安装贴面材料或装饰边线

7. 修整软包墙面

除尘清理、钉粘保护膜的钉眼和胶痕的处理。

(十四)卫生间的装修施工措施

主要应有如下几个步骤。

第一步:检验(实测)复核(确证)。客房卫生间的装修设计,通常是按照一个标准样板尺寸进行设计、而实际原建筑各空间的土建施工情况均有不相同的差异,所以在施工之前应对房间内的土建情况进行核查。主要针对墙、地面防水,顶、地、墙各面几何尺寸、形状、平整度和垂直度,上水配件配接条件,下水管配接管口位置尺寸,照明供电情况等进行现场勘验,以便确证是否与设计图要求相吻合。

第二步:调修、校正、平整基面。所谓校正屋端,即是将经勘验不符设计要求的部分进行修正调校、如墙地面防水涂料未刷周到或漏空处要进行补作;墙地面平整度及铅垂度不好的要经线垂校正和绷线,水泥砂浆抹补整平;顶、地、墙各面四角不符90°的要用夹尺正角;上下水配合口尺寸偏移较大而影响配接的亦要适当调整修改或会同设计单位进行调整。

做好了调校工作,即可减少施工疏漏,降低或杜绝返工,确保施工进程顺利。

第三步:排版、定位、放线。按装修设计图要求,根据现场实际情况对所需装修面进行分格排版和对卫生洁具、五金配件、电器线管、冷热水入墙支管进行定位放线,预留预设位置的明确标准。所放定位线均应严格做到竖线铅垂、横线水平,纵横线交错为90°角。

顶地墙的排版放线应按中线排版原则进行,即以饰面块材的中线或拼缝对所在装修面的中线，且同时满足余块尺寸大于整块尺寸的1/2。墙面瓷片的竖向排版原则上按下部整砖排版，若能兼顾浴盆上口为整砖缝最佳。在天棚排版时，应尽可能多设整板，当其尺寸与块材尺寸倍数不符有余尺小板时，则应准确记录尺寸，尽早通知生产厂家进行定尺加工。

水电管道入墙开槽放线时，应分路设置，严禁交错及混合编排；冷热水管间亦应减少交错，出水口应按左热右冷进行布管设置。

五金配件及电器设备的安装定位放线时，应严格做到竖向中线铅垂和横线水平；并确保设计要求的距地高度。当开关、插座并排或上下排列设置时，间距应不少于30mm。

第四步：合理流程、精心施工。施工流程的安排以减少工种穿插干扰，便利操作，减少重复污染，利于成品保护，提高工效，节约施工周期为原则。

客房卫生间的装修施工按流程顺序分为以下几个方面。

(1)首先将下水管口用油布和泡沫进行封闭，以免建筑残渣及水泥砂浆落入造成堵塞。然后根据施线位置进行入墙水电管暗设的墙体开槽及管线铺设、管口出墙长度要考虑墙体装修面层的构造厚度，以免影响水头配件的规范安装；管道铺设时要做保温处理，防止管面结露、凝水造成墙体反潮；当管道铺设完毕后应对其进行保水试压和下水闭水检验，确保整体管道系统无滴漏、渗漏。

(2)基础架体(如洗面台角钢支架、浴缸标砖基裙)的制作安装。施工时悬挑钢架的支座务必安装牢固，上口架面应平整、水平；浴缸基裙的内壁抹灰要保证质量，水管口的承插抹灰面要进行收光处理；浴缸检查口亦应与下水管口的位置相对应。

(3)墙面瓷片粘贴施工。粘贴面砖前应对面砖进行尺寸等级和平整度检选，施工时应先做排版中的整砖，并将瓷片的花纹排向一个方向，余尺砖及靠近地面或天棚的瓷片因需与其他装修面碰口，故应后一步粘贴。

(4)天棚吊顶及照明布线，在进行天棚吊顶骨架施工时，应着重注意吊筋是否垂直，定位调节螺栓是否拧压紧固，轻钢龙骨是否平直，整体架面是否水平。在布线施工时，切忌线管卧承于天栅龙骨上；若需在顶上分线则应设置分线盒，禁止使用直管三通或四通，所有金属线管施工，均应有电气连通。

(5)镜面基架、洗面盆及台板(含吊檐、挡水等)、浴盆、门套基架制作。施工时应注意镜面基架与瓷片墙面相平齐；台板安装应左右水平，台板内边应高于外边2mm；浴盆安装前应先安好下水配件，并检查防偏底垫是否安装妥当，并将排水管插入下水管口不少于100mm；门套基架安装时，应确保边框铅垂及与内外墙面完成尺寸平齐，挡门迭级的尺寸亦应与门扇厚度相符。

(6)防滑地砖粘贴。施工时应严格根据地漏位置控制去水坡度，重点做好地砖上的地漏开孔切割，切割时应由地砖背面向正面切割，确保缝隙尺寸不大于1.5mm。严格控制砂浆比例，杜绝空壳。

(7)当以上各项装修面施工完毕，即可进行墙面瓷片余尺砖的收口粘贴。施工时应根据不同部位的情况选择切割方式。如余尺砖裁切时，应由正面向背面切割；墙面给水管出水口的配合口，则必须由背面向正面切割，以便控制开口尺寸，浴缸台沿阳角捧口，则必须用瓷片的原型边做斜边磨角。

(8)门封面防潮镜安装、装修线条(如门套线、压镜线、天棚角线等)安装、门扇安装。在门套封面前，应对基架进行隔潮防水处理；封面板及装钉门套线时，应在与地面相接处留3mm的缝，以便填塞防水密封胶；封板时，应采用蚊钉压合，并及时采用涂料腻子填眼，以防止蚊钉锈蚀泛黑，影响饰面板美观。所有木制线条均应在其面四周有涂料进行整体封闭处理，防止其吸潮或失水变形。在门扇安装时，应注意合页安装方式，首先用线坠定位，再用双叶沉退的形式安装，固定合页的螺钉只应打入长度1/3，另外2/3长度需用螺丝刀拧入门框。特别注意，在门扇上的合页单片安装时，切忌页片高于或低于门边而影响装修效果；门边亦应做收边。

(9)临时用电箱要有接地保护系统，严禁用铜线代替保险丝，手持电动工具要用插头连接，并要有漏电保护器的配电箱，严禁把导线搭在保险丝上取电源，手持电动工具外壳要有良好的接地保护。临时电源引线要采用护套或电缆，移动电动工具的移动软线采用双层三芯橡皮绝缘导线，移动时应停电。

(10)施工管理人员下达任务单的同时，必须做好安全交底记录，施工过程中加强检查、监督并对质量安全部提出的安全隐患要整改得力。

(二)临电管理制度

(1)施工现场内临时用电的施工和维护必须由经过培训后取得上岗证书的专业电工完成,电工的等级应同工程的难易程度和技术复杂型相适应,初级电工不允许进行中、高级的作业。

(2)使用设备前必须按规定穿戴和配备好相应的劳动防护用品,并检查电气装置和保护设施是否完好,严禁设备带“病”运转。

(3)负责保护所用设备的负荷线、保护零线和开关箱。发现问题及时报告解决。

(4)搬迁或移动用电设备必须经电工切断电源并做妥善处理后进行。

(5)施工现场的所有配电箱、开关箱应每周进行一次检查和维修。检查、维修人员必须是专业电工。工作时必须穿戴好绝缘用品,必须使用电工绝缘工具。

(6)检查、维修配电箱、开关箱时,必须将其前相应的电源开关分闸断电,并悬挂停电标志牌,严禁带电作业。

(7)总、分配电箱门应配锁,配电箱、开关箱应指定专人负责。施工现场停止作业 1 小时以上时,应将动力、开关箱上锁。

(8)各种电气箱内不允许放置任何杂物,并保持清洁,箱内不得挂接其他临时用电设备。

(9)现场所有架空线路的导线必须采用绝缘铜线或电缆。导线架设高度在 2m 以上。

(10)贯彻“一机、一闸、一漏电保护”制度,不得违规乱接电源。

(三)高空作业管理规定

(1)凡在 2m 以上高度施工的作业均为高空作业。包括天花龙骨安装、面板安装、灯具安装、天花涂料刷涂等。

(2)高空作业所用平台必须稳固、安全,上层设有防护栏杆,下腿设有固定支撑,中间有安全通道;作业层必须满铺跳板,探头板两端扎牢。

(3)在地面松动处或已做好地面处使用门字形平台时,平台四腿必须垫用紧固木板,以防止平台倾斜或损坏地面。

(4)高空施工人员必须佩戴安全带、安全帽。安全带必须捆牢,并挂于绝对安全之处。

(5)高空作业人员在小范围内施工需不停调换位置时,在小范围内根据人员多少计算拉条能承重所需的钢索,施工人员将安全带挂于钢索上,以免人员移位时出现安全盲点。

(6)作业平台移动时,严禁上面有人或物品。

(7)高空施工人员必须精神集中,不准打闹嬉笑,更不准上下投掷物品。

(8)高空作业所用材料、半成品、成品均应堆放平稳,工具应随手放在工具袋内,传递物件禁止抛掷,禁止向下丢弃任何工具、材料、建筑垃圾等。

(四)文明施工措施

1. 组织体系

(1)在项目经理部建立文明施工环境保护体系,明确体系中各岗位的职责与权限,建立并保持一套工作程序,对所有参加体系工作的人员进行相应的培训。使文明施工规范化、标准化,实现文明施工工地的目标。

(2)施工现场必须严格按照公司环保手册和管理规定进行管理,项目经理部成立3人左右的场容清洁队,每天负责施工现场内外的清理,保持洒水降尘的工作。

(3)建立健全施工计划管理制度:认真编制施工月、周作业计划;做好总平面管理工作,经常检查执行情况;认真填好施工日志,建立单位工程工期考核记录;合理安排施工程序,搞好安全生产;制定保护措施,加强成品、半成品保护工作。

2. 文明施工检查

(1)检查时间安排:项目经理部每周对施工现场做一次全面的文明施工检查,公司每月对项目进行一次大检查。

(2)检查内容:文明施工方案执行情况和达标情况。

(3)检查依据:文明施工方案,依据《福建省建设工程现场文明施工管理办法》和《福建省建设工程现场文明施工检查评定标准》。

(4)奖惩制度:为了鼓励先进,鞭策后进,对每次检查中得分好的进行奖励,做得差的进行惩罚并督促其改进。

3. 管理制度

(1)每周开一次“文明施工和环境保护”的工作例会,总结前一阶段的文明施工和环境保护管理情况，布置下一阶段的文明施工和环境保护管理工作。

(2)建立并执行施工现场环境保护管理检查制度，每周组织一次由各施工班组的文明施工和环境保护管理负责人参加的联合检查，对检查中发现的问题，开出“隐患问题通知单”，各施工班组在收到“隐患问题通知单”后根据具体情况，定时间、定人、定措施予以及时解决。

4. 文明施工措施

(1)执行建筑委员会、业主及公司要求，实行项目管理制度。

(2)施工现场有规范和科学的施工组织设计，合理的装饰施工平面布置图，现场施工管理制度健全，文明施工措施落实，领导挂帅，责任明确，定人定岗，检查考核项目明确。

(3)施工现场“五牌一图”，即总平面示意图、施工公告牌、工程概况牌、施工进度牌、安全记录牌齐全。各种标牌(包括其他标语牌)应悬挂在门前或场内明显位置。

(4)施工现场暂设工程井然有序，运输设施、库房、机棚、临时办公室等按平面布置设置，室内外整洁卫生，有一个良好的生产、工作、生活环境。

(5)施工现场材料、机具、设备、构件、半成品和周转材料按平面布置图定点整齐码放，道路保持畅通无阻，供排水系统畅通无积水，施工场地平整干净。

(6)工地施工现场临时水电要有专人管理；工人操作地点和周围必须清洁整齐，做到活完脚下清、工完场地清，丢撒在施工现场的砂浆水泥等要及时清除。

(7)严禁损坏污染成品，堵塞管道。

(8)施工现场不准乱堆垃圾及余物，应在适当位置安排临时堆放点并及时、定期外运。

(9)设置黑板报，针对工程施工现场情况，适时更换内容，奖优罚劣，鼓舞士气和宣传教育。

(10)施工现场划区管理，每道工序做到“落手清”，施工材料和工具及时回收、维修、保养、利用、归库，工程完工后料净、场清，各工序成品要妥善保护好。

(11)施工现场管理人员和工人应戴分色或有区别的安全帽，现场指挥、质量、安全等检查监督人员应佩戴明显的袖章或标志，遵章管理，危险施工区域应派人佩章值班，并悬挂警示牌和警示灯。

(12)施工现场施工设备整洁，电气开关柜(箱)按规定制作，完整带锁，安全保护装置齐全可靠并按规定设置，操作人员持证上岗，有岗位职责标牌和安全操作规程标牌。

(13)施工现场有明显的防火标志和防火制牌，配备有足够的消防器材，防火疏散道路畅通，现场施工动火有审批手续。

(14)运输各种材料、成品、垃圾等应有盖和防护措施，严防泥沙随车轮带出场外，不得将垃圾撒漏在道路上而影响环境卫生。

(15)严格遵守社会公德、职业道德、职业纪律、妥善处理好厂内周边的公共关系，控制施工噪声，尽量做到施工不干扰厂内职工正常工作。

(16)施工现场办公室、仓库、场地等保持清洁卫生，并建立卫生包干区。

(17)施工现场禁止居住人员，严禁非施工人员在施工现场穿行、逗留。

六　拟投入人力资源计划

表2　拟投入人力资源计划

序号	专业工种	计划总人数	计划总工数	备注
1	泥水工	22	860	
2	水电工	8	420	
3	吊顶工	10	375	
4	细木工	18	720	
5	涂料工(1)	6	150	
6	涂料工(2)	12	460	
7	玻璃组	10	80	
8	钢结构组	20	240	

七　工程投入的主要施工机械设备情况描述及进场计划

工程投入的主要施工机械设备情况描述及进场计划见表3。

表3　工程投入的主要施工机械设备情况描述及进场计划

序号	机械或设备名称	型号规格	数量	国别产地	进场计划	定额功率	生产能力	自有或租借或拟购
1	电动圆锯	W—660	4台	国产	第14天	1.35	良好	自有
2	电刨	L-22LL-120N	2台	国产	第14天	0.75	良好	自有
3	曲线锯	JSO-45	4台	国产	第14天	0.34	良好	自有
4	木工收边机	TR-30P	3台	日本	第14天	0.43	良好	自有
5	手电钻	D-100VR	6台	国产	第14天	0.36	良好	自有
6	线锯	TF-50	2台	国产	第14天	0.2	良好	自有
7	气动打钉机	AF501	6台	中国香港	第14天	0.35	良好	自有
8	角磨机	9514B	20台	中国香港	第4天	0.53	良好	自有
9	普通电焊机	160A	2台	漳州	第22天	1.5	良好	自有
10	自攻螺丝枪	GCF-30	10台	北京	第18天	0.37	良好	自有
11	空压机	LB200350	2台	美国	第22天	1.5	良好	自有
12	电锤	ED-210VL	4台	日本	第2天	0.55	良好	自有
13	水平尺		10支	上海	第2天		良好	自有
14	玻璃吸盘		4套	佛山	第50天		良好	自有
15	挤胶枪		4把	广东	第50天		良好	自有
16	涂装喷漆枪	W-71-G	2台	广东	第20天	0.35	良好	自有
17	施工配电箱		3台	厦门	第1天		良好	自有

主要施工机械操作方法如下。

1. 手电锯

用于开割木夹板、木方板、装饰板，常用规格有17.78cm、20.32cm、22.86cm、25.4cm、30.48cm、35.56cm几种。使用双手握电锯，开动手电锯。

2. 电动刨

操作时双手前后握刨，推刨时平稳地匀速向前移动，刨到工件尽头时应将刨身提起，以免损坏刨好的工件表面，电动刨的底板经改装，还可以加工出一定的凹凸弧面。刨刀片用钝后可卸下来重磨刀刃。

3. 手电钻

用在工件上打孔、铳孔、钻木孔，直径最大为22mm。操作时，注意减少开直抖动进行，防止跳动摇晃，要经常提出钻头除去木渣，以免钻头扭断在工件中。

4. 小型钢材切断机

用于切割角铁、钢筋、水管、轻钢龙骨等，常用规格有30.48cm、35.56cm、40.64cm几种，操作时用锯板上夹具夹紧工件，按上手柄，使用砂轮片轻轻接触工件，平稳地匀速进行切割，因切时有大量火星，需注意远离木器、涂料等易燃物品。调整夹具的夹紧板，可对工件进行有角度切割，当砂轮片磨损到一半时应更换新片。

5. 电动砂轮机

用于打磨金属工件的边角，常用规格有12.7cm、15.24cm、17.78cm几种。操作时用双手平握住机身，再按下开关。以砂轮片的侧边轻触工件，并平稳地向前推进，磨到工件尽头时应注意安全。

6. 电焊机

电焊机具有体积小、功率大、搬运方便等特点，可用焊条直径2～3.2mm。操作时应注意电源接线，因电焊时电流较大，电源前后的电线都需2.5mm^2以上的铜芯电线。

7. 电锤

用于混凝土结构、砖结构、花岗岩面、大理石面的钻孔，以便安装膨胀螺丝或木楔，常用规格为钻孔直径为0.3～25mm，电锤振动较大，操作时应双手握紧钻把，使钻锤与地面、墙面垂直，并经常拨出钻头排屑，防止钻头扭断或崩头。

8. 气钉枪

用于在木龙骨上钉木夹板、纤维板、刨花板、石膏板等板材和各种装饰木线条，配有专用钉的射钉枪，常用规格有10mm、15mm、20mm、25mm四种，气钉枪需与气泵连接。使用要求的最低压力为0.3MPa。操作时用钉嘴应与需钉连接，再按开关。

9. 云石切割机

用于安装地面，墙面石材时切割花岗岩等石料板材，用湿型刀片切割时需用水作冷却液，在切割石前，先将小塑料软管接在切割机接水口上，双手握住机柄，通水后再按下开关，并匀速推进切割。

10. 空气压缩机

利用气功压原动力，通过机件（活塞）实现机械直线冲击或连续冲击的往复运动，操作时应先检查油位是否达到油标上限，然后接通电源，调整所需压力范围。

八　工程投入的主要物资计划（表4）

表4　工程投入的主要物资（材料）情况描述及进场计划

序号	名称	规格型号	单位	数量	进场计划
1	水泥		t	60	第20天
2	水电材料		项	1	第4天
3	吊顶材料		m^2	2000	第8天
4	花岗岩、大理石		项	1	第20天
5	墙地砖		m^2	800	第20天
6	空调管道		项	1	第14天
7	木芯板		片	180	第14天
8	木龙		捆	50	第14天
9	钢材		t	3	第22天
10	玻璃		m^2	280	第50天
11	铝塑板		m^2	120	第22天
12	木作面板、防火板		片	180	第40天
13	涂料材料		项	1	第25天
14	地毯		m^2	360	第65天
15	空调主机		台	16	第20天
16	卫生洁具		项	1	第58天

附件　工程量清单计价表

厦门市×××建筑装饰工程有限公司

地址：　　TEL：　　传真：

工程项目：　　委托方：厦门×××网络科技有限公司

序号	项目名称	单位	说明	其中			综合单价（元）	数量（元）	小计（元）
				人工费(元)	辅材费(元)	主材费(元)			
1	四层部分								
	拆除工程								
1	原坡体拆除	m^2	含人工及搬运费						
2	楼板拆除	m^2	含人工及搬运费						
	砌筑工程								
1	轻质砖墙	m^2	加气混凝土砖，厚度 120mm，含水泥砂浆双面粉刷	35	10	150.00	195.00	240	46800
2	红砖高矮墉	m^2	普通机砖砌体造型，含双面粉刷，厚度 120mm	45	15	95.00	155.00	35	5425
	楼地面工程						0.00		0
1	水泥砂浆楼地面	m^2	“玉鹭”水泥砂浆扫平压光	10	3	8.50	21.50	650	13975
2	卫生间门厅块料楼地板	m^2	芝麻白（火烧板水洗面）厚 20mm	35	15	75.00	125.00	15	1875
3	水泥砂浆填土垫层	m^2	加气混凝土砖，高度 120mm	35	25	60.00	120.00	295	35400

（续）

序号	项目名称	单位	说明	其中			综合单价（元）	数量（元）	小计（元）
				人工费(元)	辅材费(元)	主材费(元)			
4	木丝水泥板楼地面	m^2	1220 × 2440，厚度 8mm	35	15	170.00	220.00	295	64900
5	山西黑块料楼地面	m^2	A 大理石，厚度 20mm	30	15	285.00	330.00	120	39600
6	接待区山西黑异域形加工地面	m^2	A 大理石，厚度 20mm	30	15	345.00	390.00	25	9750
7	不锈钢踢脚线	m	1.0mm 拉丝不锈钢，含 9cm 基层板	25	5	65.00	95.00	215	20425
8	防水涂膜	m^2	911 聚氨酯（夏日）	8	17	20.00	45.00	69	3060
9	过道造景台楼地面	m^2	加气混凝土砖垫高，面饰 A 级山西黑大理石	45	5	285.00	335.00	20	6700
10	桑拿室楼地面	m^2	马赛克饰面，白水泥结合层铺设	35	12	145.00	192.00	18	3456
11	山西黑花岗岩自然形状抛光（600 × 300）	个	A 级山西黑大理石，抛光处理	85	15	780.00	880.00	2	1760
12	山西黑花岗岩自然形状抛光（400 × 250）	个	A 级山西黑大理石，抛光处理	85	15	650.00	750.00	3	2250
13	不锈钢芽制作（90 × 500）	个	304 不锈钢异形加工，厚度 1. 2mn	50	15	950.00	1015.00	5	5075
14	不锈钢芽制作（40 × 250）	个	304 不锈钢异形加工，厚度 1. 2mn	50	15	650.00	715.00	7	5005
15	不锈钢芽制作（40 ×70）	个	304 不锈钢异形加工，厚度 1. 2mn	50	15	450.00	515.00	5	2575
	墙柱面工程								
1	桑拿室墙砖	m^2	嘉德艺术马赛克 HK PEARL E304	35	12	145.00	192.00	75	14400

（续）

序号	项目名称	单位	说明	其中 人工费(元)	辅材费(元)	主材费(元)	综合单价（元）	数量（元）	小计（元）
2	轻钢龙骨石膏板隔墙	m^2	龙牌轻钢龙骨，硅酸钙板 9mm(金强)	16	15	65. 00	96. 00	250	24000
3	钢化玻璃隔墙	m^2	12mm 钢化玻璃	35	10	145. 00	190. 00	46	8740
4	装饰烤漆玻璃	m^2	12mm 钢化烤漆玻璃	35	10	285. 00	330. 00	6. 7	2211
5	爵士白大理石平面装饰台	m^2	A 大理石，厚度 20mm，木作基层	65	35	315. 00	415. 00	10	4150
6	爵士白大理石弧形装饰台	m^2	A 大理石，厚度 20mm，木作基层	65	35	650. 00	750. 00	8	6000
7	啡网纹大理石底座	m^2	A 大理石，厚度 20mm，普通机砖砌台	65	35	380. 00	480. 00	1. 5	720
8	柱子蘑菇石装饰	m^2	芝麻白	35	15	75. 00	125. 00	35	4375
9	装饰水银镜	m^2	5mm 防水防雾镜	25	10	105. 00	140. 00	32	4480
10	会议室铝塑板装饰	m^2	9mm 板底，吉祥牌铝塑板 15 丝以上	45	75	225. 00	345. 00	13	4485
11	休闲区木作装饰柱	根	皇冠 18cm 大芯板	75	35	135. 00	245. 00	31	7595
12	电梯间石材干挂墙面	m^2	654 石材艺术刻槽处理	65	85	105. 00	255. 00	16	4080
13	电梯门石材装饰门套	m^2	654 石材干挂墙面	55	90	135. 00	280. 00	7	1960
14	电梯门不锈钢装饰面	m^2	304 不锈钢，厚度 1. 2mm	45	15	480. 00	540. 00	6	3240

（续）

序号	项目名称	单位	说明	其中			综合单价（元）	数量（元）	小计（元）
				人工费(元)	辅材费(元)	主材费(元)			
15	电梯门不锈钢收边	m	304 不锈钢，厚度 1.2mm	45	15	165.00	225.00	13	2925
16	电梯厅 A\E 立面造型	m^2	木丝水泥板，木作刷漆	55	35	145.00	235.00	45	10575
17	电梯厅 C 立面造不锈钢造型	项	304 不锈钢，厚度 1.2mm	85	15	950.00	1050.00	1	1050
18	桑拿室石材造型	m^2	大理石砌台	35	15	315.00	365.00	3	1095
19	桑拿淋浴房造型	m^2	钢构砌体，面水泥砂浆粉刷，马赛克饰面	45	35	225.00	305.00	9	2745
20	过道钢架玻璃隔断	m^2	钢架烤漆，钢化玻璃饰面	45	30	195.00	270.00	8.50	2295
21	高矮墙弧形不锈钢装饰条	m	304 不锈钢，厚度 1.2mm	35	5	75.00	115.00	136.00	15640
22	办公室、会议室、茶水间门厅仿锈砖	m^2	“荣高"DM6603 含水泥砂及铺设工资	35	13	235.00	283.00	68.00	19244
23	卫生间贴花砖	m^2	“荣高"DC6DM6406，含水泥砂及铺设工资	20	15	850.00	885.00	5.00	4425
24	窗台护脚板制作	m	皇冠 18cm 大芯板，304 不锈钢饰面	30	15	75.00	120.00	160.00	19200
25	电梯厅电动防盗卷帘门	m^2	长城 304 不锈钢，厚度 0.8mm	75	35	435.00	545.00	11.00	5995
五	家具部分								
1	接待台	m	大理石台面，木作内饰防火板	185	85	1750.00	2020.00	1.4	828

（续）

序号	项目名称	单位	说明	其中			综合单价（元）	数量（元）	小计（元）
				人工费(元)	辅材费(元)	主材费(元)			
2	更衣柜	m^2	定制成品柜	120	105	435.00	660.00	23	15180
3	装饰藤艺	个	木制藤，刷红色漆	75	10	475.00	60.00	12	720
4	木作装饰字	m^2	木作刻字，刷漆	95	15	350.00	460.00	2.65	1219
5	长方形木作灯罩造型	个	木作造型，8mm 玻璃底面	38	15	295.00	348.00	43	14964
6	长方形墙纸灯罩造型	个	木作造型，8mm 玻璃底面	45	25	335.00	405.00	22	8910
7	圆形造型灯	个	木作造型，8mm 玻璃底面	45	15	425.00	485.00	8	3880
8	正方形造型灯	4	木作造型，8mm 玻璃底面	65	35	305.00	405.00	2	810
9	茶水间下柜	m	定制整体橱柜	120	45	450.00	615.00	2	1230
10	茶水间人造石台面	m	蒙特丽人造石	55	25	650.00	730.00	2	1460
11	茶水间上柜	m	定制整体橱柜	120	45	380.00	545.00	2	1090
12	休息凳	m	不锈钢底架，杉木实木饰面	35	28	215.00	278.00	17	4726
13	不锈钢门牌	个	不锈钢内刻字，含安装	15	5	65.00	85.00	22	1870
14	9cm 不锈钢字及标志	cm	不锈钢刻字，含安装	2	0.5	3.50	6.00	2520	15120
15	标志	个		15	5	110.00	130.00	4	
六	天拥工程						0.00		0
1	轻钢龙骨石青板平面吊顶	m^2	龙牌轻钢龙骨，硅酸钙板 9mm（金强）	35	15	55.00	105.00	290	30450

（续）

序号	项目名称	单位	说明	其中			综合单价（元）	数量（元）	小计（元）
				人工费(元)	辅材费(元)	主材费(元)			
2	轻钢龙骨石膏板造型吊顶	m^2	龙牌轻钢龙骨，硅酸钙板 9mm(金强)	38	15	65.00	118.00	50	5900
3	装饰灯槽	m	龙牌轻钢龙骨，硅酸钙板 9mm(金强)	23	10	35.00	68.00	35	2380
5	桑拿房吊顶	m^2	装饰构件封板，面饰嘉德艺术马赛克	65	35	248.00	348.00	18	6264
6	电梯间吊顶装饰线条	m^2	杉木实木线条	10	5	25.00	40.00	37	1480
7	铝格栅吊顶	m^2	阿姆斯壮铝格栅(100mm ×100mm)	35	15	95.00	145.00	26	3770
8	枯木装饰	项	仿真木做造型						
七	门窗工程						0.00		0
1	木作夹板装饰门扇	樘	“皇冠”18cm 大芯板，防火板饰面，304 不锈钢配饰	135	55	1250.00	1440.00	11	15840
2	木作不锈钢装饰门套	m	皇冠 18cm 大芯板，304 不锈钢饰面	35	10	185.00	230.00	55	12650

（续）

序号	项目名称	单位	说明	其中			综合单价（元）	数量（元）	小计（元）
				人工费(元)	辅材费(元)	主材费(元)			
3	卫生间装饰门扇	樘	“皇冠”18cm 大芯板，防火板饰面，5mm 钢化磨	145	55	1350	1550.00	2	3100
4	卫生间门套		皇冠 18cm 大芯板，304 不锈钢饰	35	10	95	140.00	10	1400
5	门锁	把	慧通	10	3	315	328.00	13	4264
6	不锈钢拉手	把	40 × 10 × 1200	15	3	165	183.00	13	2379
7	不锈钢地弹簧门	幢	12cm 钢化玻璃，GMT 地弹簧、门夹，不锈钢拉手	163.00	35.00	1250.00	1448.00	6	8688
8	装饰门套	m	槽钢结构，封铁丝网，水泥砂浆饰面	35	25	105.00	165.00	100	16500
9	窗帘盒	m	皇冠 18cm 大芯板	18	5	45.00	68.00	128	8704
八	涂料、裱糊工程								
1	家具聚酯油漆	m^2	华润 400 系列	25	15	76.00	116.00	65	7540
2	顶面白色涂料	m^2	多乐士 ICI，两底两面（滚涂）	12	3	14.00	29.00	1350	39150
3	墙面喷涂白色涂料	m^2	多乐士 ICI，两底两面（无气喷涂）	14	5	16.00	35.00	750	26250
4	墙面喷涂红色涂料	m^2	多乐士 ICI，两底两面（无气喷涂）	14	5	18.00	37.00	350	12950

（续）

序号	项目名称	单位	说明	其中			综合单价（元）	数量（元）	小计（元）
				人工费(元)	辅材费(元)	主材费(元)			
5	装饰壁纸	m^2	寅丰	25	8	65.00	98.00	20	1960
九	电气设备安装工程								
1	BV25mm^2 铜芯线敷设	100m	国标（含接线配件）“南平”太阳	230	75	2600.00	2905.00	8	23240
2	BV4mm^2 铜芯线敷设	100m	国标“南平”太阳	230	75	315.00	620.00	9	5580
3	BV2.5mm^2 铜芯线敷设	100m	国标“南平”太阳	230	75	215.00	520.00	45	23400
4	电话线敷设	100m	国标（8 芯）“南平”太阳	230	75	385.00	690.00	8.5	5865
5	网络线徽设	100m	国标（8 芯）“南平”太阳	230	75	385.00	690.00	9.5	6555
6	KBG20 电气套管	100m	中型	115	50	580.00	745.00	11	8195
7	KBG16 电气套管	100m	中型	115	50	450.00	615.00	10	6150
8	86 暗盒及灯头盒	个	集友	0.5	0.3	2.50	3.30	346	1141.8
9	开关（单联单控）	个	TCL	1	0.5	10.00	11.50	23	264.5
10	开关（二联单控）	个	TCL	1	0.5	10.50	12.00	8	96
14	开关（普通五孔插座）	个	TCL	1	0.5	13.50	15.00	67	1005
15	开关（三孔 16A 插座）	个	TCL	1	0.5	14.50	16.00	2	32
16	开关（电话插座）	个	TCL	1	0.5	35. 50	37.00	33	1221
17	开关（网络插座）	个	TCL	1	0.5	55.00	56. 50	33	1864. 5
18	灯具（T4 日光灯管）	盏	雷士	1.2	o.8	32.00	34.00	155	5270

（续）

序号	项目名称	单位	说明	其中			综合单价（元）	数量（元）	小计（元）
				人工费(元)	辅材费(元)	主材费(元)			
19	灯具(高效石英灯)	盏	雷士 NDL854	1.2	0.8	38.00	40.00	15	600
20	灯具(方形筒灯)	盏	雷士 NWQ1002	1. 2	0.8	54.00	56.00	13	728
21	灯具(吊装射灯)	盏	雷士 NDL522/50	1.2	0.8	59.50	615.00	49	30135
23	灯具(柱形筒灯)	盏	雷士 NDLM9135 – A	1.2	0.8	57.00	59.00	9	531
24	灯具(吊装筒灯)	盏	雷士 NDLM936 – AD	1.2	o.8	59.00	61.00	5	305
25	灯具(双眼格栅射灯)	盏	雷士 NDL502A	1.2	0.8	165.00	167.00	15	2505
28	排气扇	盏	雷士	1.2	0.8	136.00	138.00	5	690
30	45 位总配电箱 AL1	套	ABB	94.00	75.00	8400.00	8569.00	1	8569
32	100mm 钢制桥架	m		25	16	75.00	116.00	115	13340
33	装饰灯安全出口灯	个	国标	15	5	85.00	105.00	3	315
34	装饰灯疏散指示灯	个	国标	16	5	125.00	146.00	12	1752
35	装饰灯应急灯	个	国标	15	5	225.00	245.00	11	2695
十	给排水安装工程								
1	PPR 冷水管敷设	m	金德 PPR	1.5	0.5	7.50	9. 50	45	427.5
2	PPR 热水管敷设	m	金德 PPR	0.5	0.5	8.50	9.50	25	237. 5
3	50 排水管敷设	m	台塑	2	0.8	6.50	9.30	75	697. 5
4	地漏	个	不锈钢防臭地漏	3	1	15.00	19.00	9	171
5	洗脸台	m	含龙头及台盆	50	75	2850.00	2975.00	2	5950
	四层小计							894810. 3	

九　施工进度计划表(表5)

表5　度门×××网络科技有限公司施工进度计划表

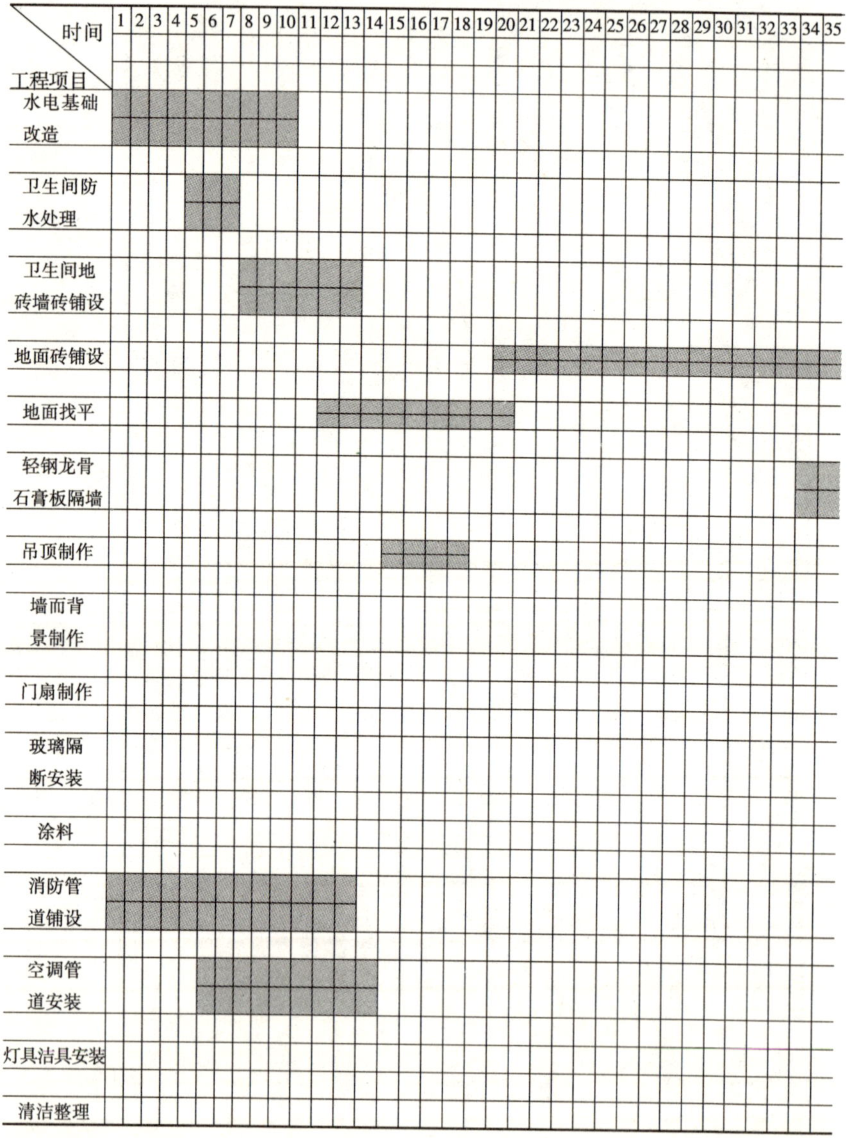

九　施工进度计划表(表5)

表5　度门×××网络科技有限公司施工进度计划表

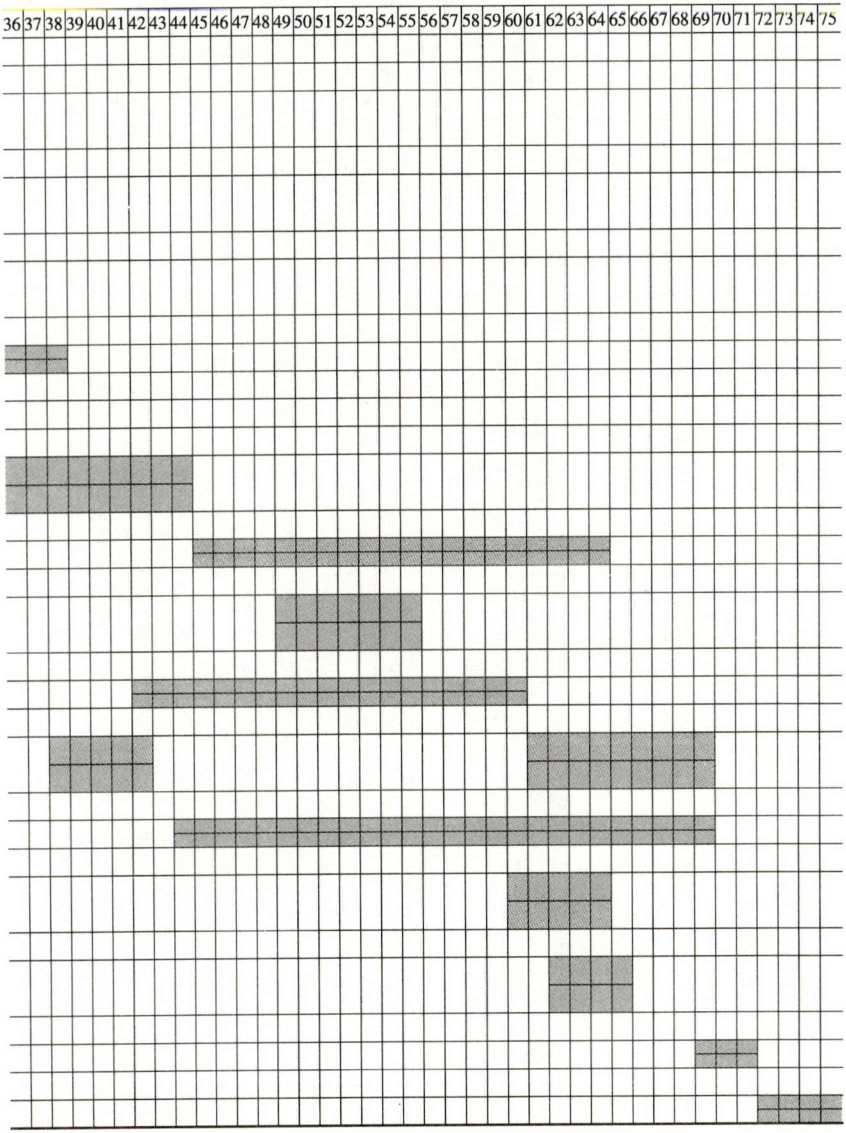

十　项目管理班子配备情况表(表6)

表6　项目管理班子配备情况表

拟任职位	姓名	职称	专业	岗位资格证明			目前受雇单位
				岗位资格名称及级别	证书名称	证号	
项目经理	陈××	工程师	工民建	一级项目经理	项目经理资质证书		厦门市××建筑装饰工程有限公司
技术负责人	林××	工程师	工民建	中级	职称证		厦门市××建筑装饰工程有限公司
施主员	叶××	工程师	装饰装修	装饰施工员	岗位证书		厦门市××建筑装饰工程有限公司
施工员	蓝××	技术员	水电安装	安装施工员	岗位证书		厦门市××建筑装饰工程有限公司
质检员	庄××	助理工程师	装饰装修	质检员	岗位证书		厦门市××建筑装饰工程有限公司
质检员	邱××	技术员	水电安装	安装质检员	岗位证书		厦门市××建筑装饰工程有限公司
安全员	林××	助理工程师	装饰装修	安全员	岗位证书		厦门市××建筑装饰工程有限公司
预算员	赖××	助理工程师	建筑工程	预算员	岗位证书		厦门市××建筑装饰工程有限公司
试验员	兰××	助理工程师	建筑工程	试验员	职称证书		厦门市××建筑装饰工程有限公司
材料员	王××	助理工程师	装饰装修	材料员	岗位证书		厦门市××建筑装饰工程有限公司
合同管理员	单××	技术员	装饰装修	合同管理员	岗位证书		厦门市××建筑装饰工程有限公司

十一、近期相关工程业绩（略）

十二、企业营业执照（略）

十三、企业资质证书（略）

十四、银行资信证明（略）

参考文献

[1]河北省建设委员会．河北省建筑工程预算定额．北京:科学技术文献出版社,1998.

[2]河北省建设委员会．全国统一安装工程预算定额－河北省单位估价表．北京:科学技术文献出版社,1998.

[3]全国统一安装工程预算定额解释汇编．北京:中国计划出版社,1999.

[4]耿江水．建筑与装饰预算定额问答．北京:科学技术文献出版社,2000.

[5]于忠诚．建筑工程定额与预算．北京:中国建筑工业出版社,1995.

[6]张宏庆,杜占良,骆中钊．建筑工程概预算编制常识．北京:化学工业出版社,2006.

[7]骆中钊,张仪彬,曾建春．预算编制．北京:化学工业出版社,2008.